コンピュータ工学の基礎

浅川 毅 著

東京電機大学出版局

はじめに

　コンピュータは，1940年代に誕生して以来，ハードウェア技術，ソフトウェア技術を基盤として，基礎技術から応用面に至るまで常に急速な進歩を続けている。これに伴ってコンピュータ工学の扱う内容は高度化，広範囲化している。

　本書の目的は，コンピュータ工学に関する入門書である。本書は，初めてコンピュータを学ぶ学生を対象とする講義用として編集したものである。また，専門高校生から技術者向けの入門書として活用できるように，基本的内容を重視して構成した。

　前著『基礎コンピュータ工学』から10年以上経過し，コンピュータ工学の基本的内容とはいえ，若干の古さは否めなくなってきた。そこで今回，東京電機大学出版局の吉田拓歩氏の勧めもあり，本書発行の運びとなった。執筆にあたり，前著の特長は残しつつ，大きく手を入れている。まず，1回の授業での学習を1章分にまとめ，13章構成とした。授業内および課題での活用を想定し，章末の演習問題を充実させた。そして，独立行政法人　情報処理推進機構（IPA）の基本情報技術者試験の参考書としても使えるように項目の見直しを行った。

　常に発展を続けるコンピュータ分野において，柔軟かつ独創的な応用技術力が求められている。応用技術力は十分な基礎技術力の上に培われるものである。将来の技術者達の足がかりとして本書が活用されれば幸いである。

2018年　夏　著者しるす

目 次

- 第1章 コンピュータの歴史と原理 1
  - 1.1 コンピュータの歴史 1
  - 1.2 コンピュータの原理 5
  - 演習問題 12

- 第2章 マイクロプロセッサ 13
  - 2.1 マイクロプロセッサの処理性能 13
  - 2.2 マイクロプロセッサの種類 15
  - 2.3 マイクロプロセッサの構成 18
  - 2.4 COMET II の基本構成と命令の形式 20
  - 2.5 COMET II の構成要素 22
  - 演習問題 28

- 第3章 主記憶装置 29
  - 3.1 主記憶装置の構成 29
  - 3.2 主記憶装置の特性 31
  - 3.3 IC メモリ 32
  - 3.4 キャッシュメモリ 37
  - 演習問題 38

- 第4章 補助記憶装置と周辺装置 39
  - 4.1 補助記憶装置 39
  - 4.2 入出力装置 45
  - 演習問題 54

第 5 章　データの表現 ... 55

5.1　数体系 ... 55
5.2　数値データ ... 58
5.3　文字データ ... 62
演習問題 ... 65

第 6 章　データの構造とファイル ... 67

6.1　データの構造 ... 67
6.2　ファイル ... 72
6.3　データのチェック，分類，併合，更新 ... 78
6.4　データベース ... 82
演習問題 ... 83

第 7 章　論理回路 ... 87

7.1　論理回路の表現 ... 87
7.2　基本論理回路 ... 89
演習問題 ... 94

第 8 章　組合せ回路 ... 97

8.1　エンコーダとデコーダ ... 97
8.2　マルチプレクサとデマルチプレクサ ... 99
8.3　加算器 ... 101
演習問題 ... 104

第9章　順序回路 ... 107

- 9.1　順序回路の基本要素 ... 107
- 9.2　順序回路の応用 ... 111
- 演習問題 ... 116

第10章　論理回路の簡単化 ... 119

- 10.1　ブール代数 ... 119
- 10.2　カルノー図 ... 122
- 演習問題 ... 125

第11章　ディジタルIC ... 127

- 11.1　標準ロジックIC ... 127
- 11.2　規格表の見方・使い方 ... 131
- 11.3　規格表の例 ... 142
- 11.4　標準ロジックICの使用例 ... 149
- 演習問題 ... 152

第12章　CASL II ... 153

- 12.1　データ転送命令 ... 153
- 12.2　算術，論理演算命令 ... 156
- 演習問題 ... 160

第13章　CASL IIによるプログラミング ... 163

- 13.1　データ転送 ... 163
- 13.2　条件分岐 ... 164
- 13.3　数値計算 ... 170
- 演習問題 ... 177

付録　アセンブラ言語の仕様（抜粋）	183
演習問題解答	195
参考文献	211
索　引	212

第1章 コンピュータの歴史と原理

1940年代に誕生したコンピュータは，今日まで飛躍的な進化を遂げてきた。今日の情報化社会はコンピュータに代表される「情報処理システム」の発達によりもたらされたものであり，われわれの生活も大きく変化している。本章では，コンピュータの歴史とその原理について解説する。

1.1 コンピュータの歴史

1.1.1 コンピュータの誕生

コンピュータは，手動計算機，自動計算機などを経て，計算を行う道具として誕生した。

1640年代にフランスの哲学者（数学者）**パスカル**（B. Pascal）は，歯車の組合せを利用した**加減算機**を発明した。これは，人間が計算過程と数値を与えながら計算をしなければならなかった。その後，1670年代にドイツの数学者ライプニッツ（G. W. Leibniz）により，桁移動できる**円筒式歯車乗算機**が発明された。

図1.1に示すのは，1923年から1970年の間に製造されていた国産の手動計算機（タイガー計算器）である。四則演算を行うことができ，電卓が普及するま

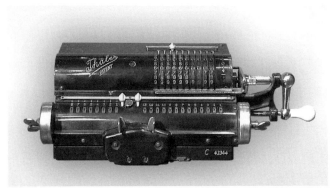

図 1.1 タイガー計算器

ではソロバンとともに計算を行う道具として活躍していた。

1940年代には,ハーバード大学のエイケン(H. H. Aiken)による**MARK－I**や,ドイツのツーゼ(K. Zuse)による**Z3**などのリレー式自動計算機がつくられた。

そして1946年に,ペンシルバニア大学のモークリ(J. W. Mauchly)とエッカート(J. P. Eckert)によって,世界初の汎用コンピュータ**ENIAC**が完成された。ENIACは,第二次大戦中の高射砲の弾道計算を行うために開発されたもので,約18,000本の真空管を使い,重量が30トンにものぼった。

ENIACは構成素子に真空管を用いたため,計算処理速度はリレー式計算機のMARK－Iに比べて飛躍的に向上した。しかし,プログラムを配線で指示するため,プログラムの変更には大変な時間を費やした。

ENIACの欠点を解消する方式は,1945年にアメリカのノイマン(J. V. Neumann)が発表した,プログラムを計算機の内部記憶装置に記憶させ逐次処理を行う**プログラム内蔵方式**である。

ノイマンは,この方式の電子計算機**EDVAC**を1945年に提案し,1951年に完成させた。しかし,ノイマンの影響を受けたといわれるイギリスの**ウィルクス**(M. V. Wilkes)が,ノイマンよりいち早く1949年にプログラム内蔵方式の電子計算機**EDSAC**を完成させた。

1.1.2　コンピュータの発達

1950年に，世界最初の商用コンピュータ **UNIVAC-I**（レミントン・ランド社：米国）が完成し，翌年にはアメリカの統計局に納品された。このコンピュータは，文字や記号を扱うことができた。

その後，今日までのコンピュータは，ノイマン型コンピュータを基本として，半導体集積回路技術の発達のもとに，性能向上を続けている。

現在では，1秒間に数百〔P〕（P：ペタ／10^{15} = 1,000兆）回もの計算能力をもつスーパーコンピュータがつくられ，さらにはニューロコンピュータなどの人工知能の実現に向けて研究が行われている。そして，コンピュータシステムの面では，人間にとっての使いやすさを目指し，ヒューマンインターフェースの向上が図られている。さらに，次世代のコンピュータの候補として，量子力学の重ね合わせと呼ばれる性質を利用して計算を行う，量子コンピュータの研究が行われている。従来のコンピュータに比べ大幅に計算速度を向上させることが可能となるため，現在のコンピュータの代替可能なレベルへの実用化が期待されている。

また，組込み用のマイクロコントローラ，携帯機器，ゲーム機器，パーソナルコンピュータなど，多様なニーズに合わせたコンピュータがつくられ，使われている。

1.1.3　マイクロプロセッサの出現

1971年に，世界最初のマイクロプロセッサ **4004**（インテル社：米国）が発表された（図1.2）。約2,300個のトランジスタを集積したLSIで，我が国の電卓メーカーであるビジコン社がインテル社に開発を依頼したことが，誕生のきっかけとなった。

4004は，プログラムの変更によって異機種の電卓への適用を行うためにつくられた。まさしくノイマン型コンピュータの機能を備えたLSIであったため，電卓以外の分野でも広く使用されることになった。

表1.1 構成素子によるコンピュータの世代分け

世代	年代	構成素子 論理素子	構成素子 主記憶装置	説明
第1	1940年代後半	真空管	磁気ドラム 磁気コア	バッチ処理 機械語，アセンブラ言語を用いる
第2	1960年代前半	ダイオード，トランジスタ	磁気ドラム 磁気コア	バッチ処理 真空管と比べて，小型化され，処理速度，信頼性も向上 FORTRAN，COBOLを用いる オペレーティングシステムが発達
第3	1960年代後半	IC	磁気コア	TSS（time sharing system）処理 IBM360シリーズ（米国：IBM社） オペレーティングシステムの充実 ソフトウェアの商品化
第3.5	1970年代	LSI	ICメモリ	マルチプログラミング 仮想記憶方式 マイクロプロセッサによるパーソナルコンピュータが登場 C言語の開発
第4	1980年代～	VLSI	ICメモリ	主要機能のほとんどがVLSIチップに組み込まれる ゲーム機からスーパーコンピュータまで，用途に合わせた各種のコンピュータがつくられる コンピュータネットワーク
第5	1990年代～	＊アーキテクチャにより分類される		非ノイマン型 問題解決・推論システム 知的データベースシステム 知的インタフェースシステム

　インテル社に続いてほかの半導体メーカーもマイクロプロセッサの開発に着手し，4004の誕生から30年間で，処理単位が8ビット，16ビット，32ビット，64ビットのマイクロプロセッサが次々につくられていった。

　1970年代には，8ビットのマイクロプロセッサによるパーソナルコンピュータが登場し，それまで特定の人しか触れることのなかったコンピュータが，身近なものとなっていった。

図 1.2　4004 のチップ［インテルジャパン］

1.2　コンピュータの原理

1.2.1　ハードウェアとソフトウェア

　コンピュータを構成する機器そのものをハードウェア（hardware）と呼び，処理手順やデータなどの情報をソフトウェア（software）と呼ぶ。ソフトウェアは記憶媒体に保存され，ハードウェアによって扱われる。コンピュータが処理する内容は，ソフトウェアで処理手順を指示するため，ソフトウェアを変えることによってさまざまな処理を行うことができる。

1.2.2　コンピュータの特徴

コンピュータの種類には携帯電話などに組み込まれている小さなものからスーパーコンピュータと呼ばれる大型で高性能のものまでさまざまなものがある。コンピュータが普及した主な理由として，以下の特徴が挙げられる。

（1）汎用性

コンピュータではソフトウェアを入れ替えることによりさまざまな処理を行うことができる。たとえば，1台のパーソナルコンピュータでゲーム，ワープロ，表計算，インターネットなどに利用することができる。また，同類の組込み用マイクロコンピュータ（micro computer）を，玩具，自動車制御，リモコン，携帯電話などに利用することができる。

（2）高速な処理

コンピュータの処理性能を表す単位の1つとして **MIPS**（million instructions per second）が使われる。これは1秒間に実行できる命令数を100万単位で表したものである。機種により異なるが，現在のパーソナルコンピュータの処理能力は数万 MIPS 程度である。

（3）大量データの記憶

コンピュータ内部で扱う情報はディジタル情報であり，データ量は〔B〕（Byte，バイト）単位で表す（1バイトは8ビット〔bit〕である）。機種により異なるが，現在のパーソナルコンピュータでは，数十〔TB〕程度の記憶容量をもつ（T：テラ／10^{12} ＝ 1 兆）。

1.2.3　コンピュータの基本構成

コンピュータの処理手順は各装置に対する命令の組合せで構成される。これをプログラムという。

現在普及しているほとんどのコンピュータは，ノイマン型のコンピュータであり，あらかじめ記憶させたプログラムを順次取り出して，逐次処理を行うものであ

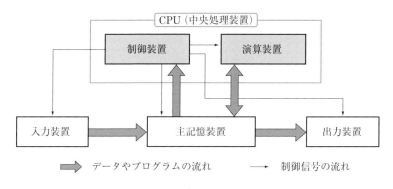

図1.3 コンピュータの基本構成

る。基本的にコンピュータは，図1.3に示す5つの装置により構成されている。

(1) 制御装置

主記憶装置に書き込まれている命令は，**制御装置**（control unit）により順に1つずつ読み取られ処理される。この方式を逐次実行方式と呼ぶ。制御装置は読み取った命令を解読し，各装置を制御する。

(2) 演算装置

演算装置（ALU：arithmetic logical unit）は，計算や比較などの演算を行う装置である。この装置では，制御装置からの制御信号を受けて演算種類の決定や主記憶装置に対するデータの読取りと書込みが行われる。

(3) 主記憶装置

プログラムは，**主記憶装置**（main storage，main memory）に読み込まれ，このプログラムに従って命令が実行される。この方式をプログラム内蔵方式と呼ぶ。主記憶装置では，プログラム以外に一時的に必要なデータの記憶も行う。

(4)，(5) 入・出力装置

入・出力装置（input/output unit）は主記憶装置に対するデータの入出力を行う装置である。一般的なパーソナルコンピュータでは，入力装置としてキーボードやマウス，出力装置としてディスプレイやプリンタなどが使われている。

（その他）補助記憶装置

補助記憶装置（auxiliary storage）は主記憶装置と比べてデータ転送速度は遅いが，記憶容量が大きく，電源を切ってもデータが消えないという利点がある。そのため，プログラムやデータは補助記憶装置に保存する。ただし，制御装置が直接扱うことのできるプログラムやデータは主記憶装置に書き込まれたものだけである。そのため，補助記憶装置に記憶されたプログラムやデータは必要に応じて主記憶装置に転送され使用される。一般的なパーソナルコンピュータでは，ハードディスク装置や光ディスク装置などの補助記憶装置を内蔵している。

制御装置と演算装置を合わせて**中央処理装置**（CPU：central processing unit）と呼ぶ。中央処理装置の機能を実現する**大規模集積回路**（LSI：large scale integrated circuit）を**マイクロプロセッサ**（MPU：micro processing unit）と呼ぶ。

1.2.4　CPU の実行過程

図 1.4 は，プログラムの実行過程を説明するために簡略化した CPU の概念図である。

（1）デコーダ（decoder）
解読器とも呼ばれ，プログラムの命令を解読し，各装置へ制御信号を送る。

（2）レジスタ群（register）
演算などに必要なデータを一時蓄える。用途が定められていない汎用レジスタと，特定の用途に用いる専用レジスタがある。専用レジスタには，次に取り出す命令のアドレスを記憶するプログラムカウンタ（program counter）と，アドレスを記憶するアドレスレジスタ（address register）がある。また，独立行政法人 情報処理推進機構（IPA）が定める仮想コンピュータ「COMET II」では，プログラムカウンタをプログラムレジスタとも呼ぶ。

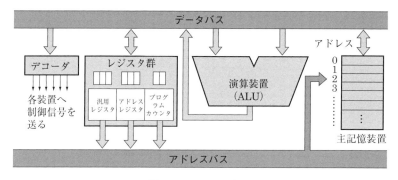

図 1.4　CPU の概念図

(3) 演算装置（ALU：arithmetic logical unit）
算術演算や論理演算を行う。
(4) 主記憶装置（main memory）
アドレス（番地）で指定された記憶位置のデータの読み書きを行う。
(5) バス（bus）
機能要素間をつなぐ複数の信号線を束ねたものをバスという。アドレスを扱うものをアドレスバス，データを扱うものをデータバスという。

図 1.5 に示すプログラムが，主記憶装置の 0, 1 番地に格納されており，アドレス 200 番地にデータ 50 が，201 番地にはデータ 25 が格納されているとする。

図 1.5　プログラム例

このプログラムを実行したとき，図 1.4 の CPU の動きは次のようになる。

［命令 1 の実行］

①プログラムカウンタの示すアドレス（0 番地）のプログラム（命令 1）が，主記憶装置からデコーダに送られる（図 1.6）。

②デコーダが命令を解読した結果，アドレスレジスタに値 200 が格納され，そのアドレス（200 番地）のデータ 50 が主記憶装置より汎用レジスタに転送される。これと同時にプログラムカウンタの値は，次の命令が記憶されているアドレス（1 番地）となる（図 1.7）。

［命令 2 の実行］

③プログラムカウンタの示すアドレス（1 番地）のプログラム（命令 2）が，主記憶装置からデコーダへと送られる（図 1.8）。

④デコーダが命令を解読した結果，アドレスレジスタに値 201 が格納され，そのアドレス（201 番地）のデータ（25）が汎用レジスタの値（50）に加算される。したがって，汎用レジスタの値は 75 となる（図 1.9）。

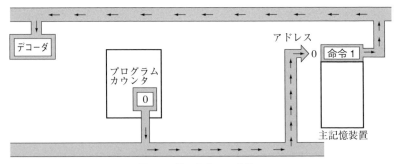

図 1.6　①：命令 1 の読込み

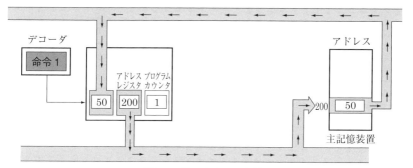

図 1.7 ②：命令 1 の実行

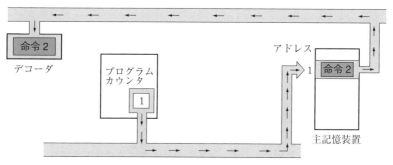

図 1.8 ③：命令 2 の読込み

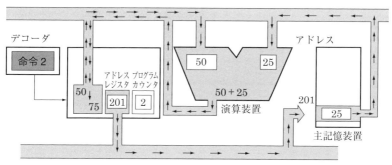

図 1.9 ④：命令 2 の実行

◆◆◆ 演習問題 ◆◆◆

[1] 次の表の①～⑩の値を答えよ。ただし，解答には⑩以外べき乗表示（10^x）は用いないものとする。

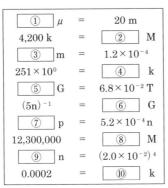

[2] コンピュータの特徴について述べよ。
[3] プログラム内蔵方式について説明せよ。
[4] 逐次実行方式について説明せよ。
[5] コンピュータを構成する基本的な装置を5つ挙げ，それぞれの機能を説明せよ。
[6] 図 1.6 ～図 1.9 で説明した CPU の実行過程において，プログラムカウンタの役割について説明せよ。
[7] マイクロプロセッサが使われている身近な製品を例示し，マイクロプロセッサの役割を示せ。
[8] ノイマン型コンピュータについて調べよ。

第2章 マイクロプロセッサ

マイクロプロセッサに集積できるトランジスタ数は，半導体集積技術の発展とともに増加し，現在では数十億個にまで達している。また，処理能力や信頼性を重視するコンピュータには，複数のマイクロプロセッサが使用されている。本章では，コンピュータの中央処理装置の役割と機能について，マイクロプロセッサを中心として解説する。

2.1 マイクロプロセッサの処理性能

マイクロプロセッサ（マイクロプロセッサユニット，MPU：micro processing unit）はマルチメディア処理を重視するものや，科学技術計算を重視するものなど，用途に合わせてつくられているため，単純に処理性能を比較することはできない。そこで基準となる処理を実行したときの処理時間で比較される。

$$処理時間〔s〕=サイクルタイム \times CPI \times 命令数 \quad \cdots\cdots (2.1)$$

2.1.1 サイクルタイム

図 2.1 に示すように，マイクロプロセッサは動作クロックと呼ばれるパルス信号に同期して処理を行う。1 クロックあたりの時間 T〔s〕を**サイクルタイム**（cycle time）と呼ぶ。1 秒あたりの動作クロック数 f〔Hz〕を**動作周波数**と呼ぶ。

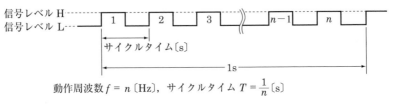

図2.1 マイクロプロセッサの動作クロック

2.1.2 CPI

図2.2に命令の実行例を示す。この場合，命令は取出し，解読，実行の3回のクロックで処理されるので，1命令に要するクロック数は3である。マイコンや命令によって，このクロック数は異なるため，1命令あたりに使用する平均クロック数 **CPI**（cycles per instruction）が用いられる。たとえば，100個の命令を備えたマイコンにおいて，1クロックで実行される命令数が30個，2クロックで実行される命令が20個，3クロックで実行される命令が50個である場合，CPIは次式で求まる。

$$\mathrm{CPI} = \frac{(1\times 30)+(2\times 20)+(3\times 50)}{100} = 2.2$$

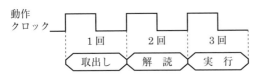

図2.2 命令の実行例

2.1.3 命令数

ある処理を実行するのに必要な命令数はマイクロプロセッサによって異なる。たとえば，2個の数値を乗算する場合，乗算命令を備えるマイクロプロセッサでは1命令でよいが，乗算命令を備えないマイクロプロセッサではいくつかの命令を組み合せる必要がある。

処理能力の目安として，1秒間に実行できる命令数を用い，以下のように表す。
- **MIPS**（million instructions per second）：1秒間に実行できる命令数。100万単位で表す。
- **FLOPS**（floating-point operations per second）：1秒間に実行できる浮動小数点演算数。

2.2 マイクロプロセッサの種類

一般的にマイクロプロセッサは命令形態，演算桁数，利用形態で分類される。

2.2.1 命令形態での分類

基本命令の構成より以下のように分類される。

(1) CISC型

CISC（complex instruction set computer）型では，ビジネス用やマルチメディア用などの用途に応じた命令を盛り込み，1つの命令で多くのことを行う複合化命令を備える。構造が複雑になることと，命令あたりの長さ（ビット数）やクロック数（サイクル数）が一定でないために，最大動作周波数（正常動作可能であるクロックの最大周波数）を上げにくい面がある（図2.3）。

(2) RISC型

RISC（reduced instruction set computer）型では基本的に命令長は一定であ

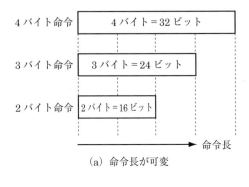

(a) 命令長が可変

(b) 複合化命令を備える

図 2.3　CISC 型の命令形態

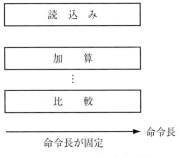

図 2.4　RISC 型の命令形態

り，1 クロックで 1 命令を実行する。構造的に最大動作周波数を上げやすい反面，複雑な処理は命令を組み合せて実現するため，CISC 型以上に最大動作周波数を上げる必要がある（図 2.4）。

(3) VLIW 型

VLIW（very long instruction word）型では 128 ビットなどの命令長が長い複合化命令を使用する。複数の実行ユニットを装備し，命令はパケットと呼ばれる処理のまとまりに分割され，パケット単位で各実行ユニットによって，並列処

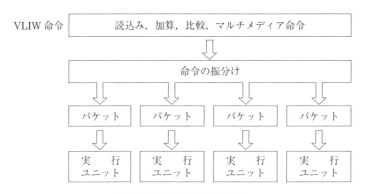

図 2.5　VLIW 型の命令形態

理される。理論的には集積される実行ユニット数の増加により処理能力を上げることができる（図 2.5）。

2.2.2　演算桁数での分類

演算装置の演算桁数が 4 ビットのものを 4 ビットマイクロプロセッサ，8 ビットのものを 8 ビットマイクロプロセッサと呼ぶ。たとえば，$40 = (0010\ 1000)_2$ と $24 = (0001\ 1000)_2$ の演算を行う場合，8 ビットマイクロプロセッサでは 1 回で演算できるが，4 ビットマイクロプロセッサではデータを 4 ビット単位に分割しなくてはならないため，最低 2 回以上の演算が必要となる。このように，演算装置の演算桁数は演算処理能力の 1 つの目安となっている（第 5 章「データの表現」参照）。

2.2.3　利用形態での分類

近年の半導体集積技術の発展により，億単位のトランジスタを 1 つの LSI に集積することが可能となった。また，社会の要求はますます多様化している。このような背景のもと，用途ごとに機能や処理を付加した多くの種類のマイクロプ

ロセッサがつくられている。マイクロプロセッサは利用形態の面より，汎用向けと特定用途向けに大別される。

(1) 汎用向けマイクロプロセッサ

パーソナルコンピュータなどの汎用性のあるコンピュータシステムの中央処理装置として使われるマイクロプロセッサを指す。汎用向けマイクロプロセッサは，演算処理能力の向上を目的として発展を続けている。

(2) 特定用途向けマイクロプロセッサ

LSI規模や用途の異なるさまざまな特定用途向けマイクロプロセッサがつくられている。

たとえば，家電製品や自動車機器などに組み込まれる**ワンチップマイクロコンピュータ**（略してワンチップマイコン）は，中央処理装置とともに主記憶装置や入出力ICなどを1個のLSIに集積した小規模のマイクロプロセッサである。これらのマイクロプロセッサは，制御向けという意味で**マイクロコントローラ**（micro controller）とも呼ばれている。

また，高性能のマルチメディア処理を必要とするゲーム機などでは，画像処理能力や音声処理能力などに重点を置いた専用のマイクロプロセッサ（GPU：graphical processing unit）が使われている。

2.3 マイクロプロセッサの構成

マイクロプロセッサは，4ビットのものが1971年に開発され，その後，8ビット，16ビットと経年ごとに処理能力が向上している。ここでは独立行政法人 情報処理推進機構（IPA）が定める仮想コンピュータ「COMET II」をモデルとして解説する（巻末付録A.1「システムCOMET IIの仕様」参照）。

図2.6に中央処理装置としてマイクロプロセッサを使用したコンピュータの構成を示す。信号やデータの流れを矢印で示す。

命令は主記憶装置に格納され，マイクロプロセッサで順番に読み取られ，実行

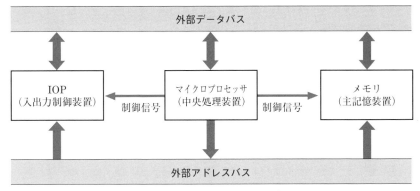

図 2.6 マイクロプロセッサによるコンピュータ構成

される。

　キーボードやディスプレイなどの入出力装置やハードディスクなどの補助記憶装置は，直接マイクロプロセッサに接続できないため，制御信号およびデータの受け渡しは，**入出力制御装置**（IOP：input output processor）と呼ばれるLSIを経由し行う。

　マイクロプロセッサはIOPに対して処理内容を指示したあとは，次の命令の処理に移ることができるので，処理効率が高くなるという利点がある。

　パーソナルコンピュータでは，複数のIOPが組み込まれたチップセットと呼ばれるLSIが使用される。

　メモリに対してデータの読取りや書込みを行う処理をメモリアクセスと呼ぶ。メモリ内の格納位置は番地（**アドレス**：address）と呼ばれる一連の番号が付けられている。マイクロプロセッサはメモリに対してアドレスを指定し，メモリアクセスを行う。

　IOPに対しては機能や制御する周辺装置に対応したアドレスを指定しアクセスする。複数の装置が共用する信号線のまとまりを**バスライン**（bus line）または**バス**（bus）と呼ぶ。マイクロプロセッサ内部のバスラインを内部バスライン，マイクロプロセッサ外部のバスラインを外部バスラインと呼ぶ。

2.4 COMET Ⅱの基本構成と命令の形式

2.4.1 COMET Ⅱの概念図

巻末付録 A.1「システム COMET Ⅱ の仕様」をもとに想定した COMET Ⅱ の概念図を図 2.7 に示す。

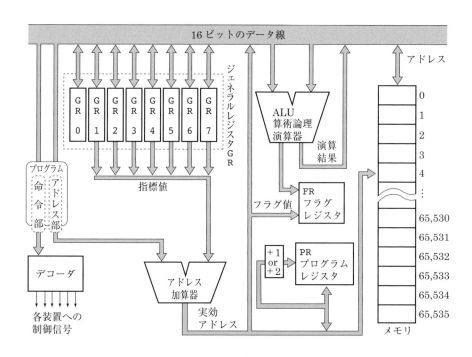

図 2.7　COMET Ⅱ の概念図（スタックに関しては省略）

2.4.2　データ構造

　COMET Ⅱが一度に扱うことができるデータ（1語のデータ）は，16ビットのデータであり，図2.7のデータ線を経由して，各装置間を伝わる。COMET Ⅱは16ビットコンピュータに分類される。

2.4.3　命令形式

　命令は，1語または2語のデータによって構成される。図2.8に2語のデータによる構成を示す。この場合は，16ビット×2＝32ビットのデータが1つの命令に用いられる。このように2語で構成される命令を2語命令と呼ぶ。

　2語命令の1語目のデータは，命令部と呼ばれ，デコーダへ送られ制御信号として解読され，2語目のデータは，アドレス部と呼ばれ，アドレス加算器へ送られる。

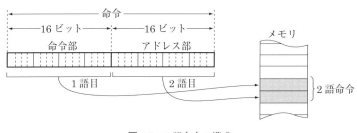

図2.8　2語命令の構成

2.5 COMET IIの構成要素

2.5.1 メモリ

メモリ（memory）は，プログラムや演算に使用するデータを格納しておく装置で，COMET IIでは65,536語の16ビットのデータを格納することができる（図2.9）。

COMET IIでは，0番地から65,535番地までのアドレスを使用し，65,536語のデータをアクセスする。

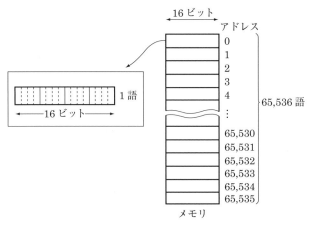

図2.9　メモリの構造

2.5.2 ジェネラルレジスタ GR (汎用レジスタ GR)

レジスタ (register) はデータを蓄えておく装置で, 蓄えておけるデータのビット数によって, 2 ビットのレジスタとか 16 ビットのレジスタなどと呼ばれる。レジスタにデータを入れると更新されるが, レジスタからデータを出すときは, レジスタに書かれているデータは保持される。メモリも大量のデータを格納するレジスタ群といえる。

COMET II では, すべての演算に使用できる 16 ビットのジェネラルレジスタ (汎用レジスタ: general register) GR0, GR1, GR2, GR3, GR4, GR5, GR6, GR7 をもっている。この中で GR0 は, 指標レジスタとして使用することができない (表 2.1) (2.5.6 項「アドレス加算と実効アドレス」参照)。

表2.1 GR の用途

用途	機　能	使用可能レジスタ
演算	算術演算, 論理演算, シフト演算, 比較演算	GR0, GR1, GR2, GR3, GR4, GR5, GR6, GR7
指標	命令の2語目（アドレス部）に示されるアドレスに指標の値を加え, 実際に使用するアドレス（実効アドレス）とする。	GR1, GR2, GR3, GR4, GR5, GR6, GR7

2.5.3 プログラムレジスタ (PR)

プログラムレジスタ (PR: program register, 一般的にはプログラムカウンタと呼ぶ) は, 16 ビットのレジスタで, 次に実行すべき命令の先頭アドレスを示す。プログラムレジスタに示されるアドレスは, 命令を読み終えるたびに, 次に実行すべき命令のアドレスに更新される。すなわち, 読み取った命令が 1 語の場合は 1 加算され, 2 語の場合は 2 加算される（分岐命令やサブルーチン（副プログラム）命令などの実行の流れを変える命令は除く）(図 2.10)。

分岐やサブルーチン命令など, プログラムの実行の流れを変える命令では, 指定されたアドレス値が強制的にプログラムレジスタにセットされる (図 2.11)。

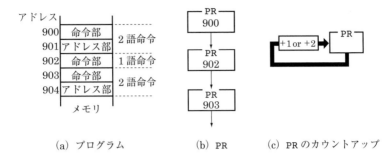

(a) プログラム　　　(b) PR　　　(c) PR のカウントアップ

図 2.10　プログラムレジスタの動作（分岐，サブルーチン命令以外）

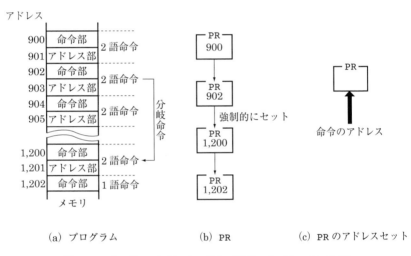

(a) プログラム　　　(b) PR　　　(c) PR のアドレスセット

図 2.11　プログラムレジスタの動作（分岐，サブルーチン命令）

2.5.4 フラグレジスタ (FR)

フラグレジスタ (FR：flag register) は，OF (overflow flag)，SF (sign flag)，ZF (zero flag) よりなる3ビットのレジスタであり，次に示す場合にフラグレジスタの値は更新される。

- 算術論理演算命令 (ADDA, SUBA, ADDL, SUBL, AND, OR, XOR)
- シフト演算命令 (SLA, SRA, SLL, SRL)
- 比較演算命令 (CPA, CPL)
- ロード命令 (LD)

各フラグレジスタにセットされた値は，JPL，JMI，JNZ，JZE などの分岐命令の分岐条件として使用される。フラグレジスタが設定される条件を表2.2に示す。

表2.2　フラグレジスタの設定条件

フラグレジスタ	設定条件
OF	算術演算命令の場合は，演算結果が−32,768〜32,767に収まらなくなったとき1になり，それ以外のとき0になる。論理演算命令の場合は，演算結果が0〜65,535に収まらなくなったとき1になり，それ以外のとき0になる。
SF	演算結果の符号が負（ビット番号15が1）のとき1，それ以外のとき0になる。
ZF	演算結果が0（全部のビットが0）のとき1，それ以外のとき0になる。

2.5.5　算術論理演算器 (ALU)

算術論理演算器 (ALU：arithmetic logical unit) では，次の演算を行う。

① 算術演算，論理演算　　算術演算命令 (ADDA, SUBA, ADDL, SUBL)
　　　　　　　　　　　　論理演算命令 (AND, OR, XOR)
② シフト演算　　　　　　算術シフト命令左 (SLA)　右 (SRA)
　　　　　　　　　　　　論理シフト命令左 (SLL)　右 (SRL)
③ 比較演算　　　　　　　算術比較命令 (CPA)　論理比較命令 (CPL)

算術論理演算器による演算は，演算の方式によって次の3通りに分類される。

① 算術演算，論理演算（図2.12（a））

GRとGR，またはGRとメモリのデータを算術演算（論理演算）し，その結果をGRに格納する。演算の結果により，フラグレジスタに0か1を設定する。

② シフト演算（図2.12（b））

GRに対して，実効アドレスの数のビット数をシフトさせその結果をGRに格納する。演算の結果により，フラグレジスタに0か1を設定する。

③ 比較演算（図2.12（c））

GRとGR，またはGRとメモリの値を比較し，その結果によりフラグレジスタに0か1を設定する。

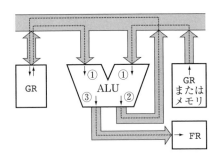

① 演算データ　② 演算結果
③ フラグレジスタを設定する値

(a) 算術演算，論理演算

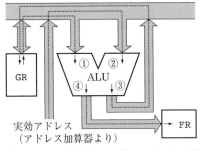

① シフトされるデータ　② シフトビット数
③ シフト結果
④ フラグレジスタを設定する値

(b) シフト演算

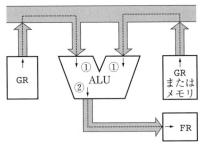

① 比較データ　② フラグレジスタを設定する値

(c) 比較演算

図2.12　ALUによる演算

2.5.6　アドレス加算と実効アドレス

　メモリへのプログラムの配置や処理の対象に自由度をもたせるために，アドレス加算器により，命令のアドレス部に示されるアドレスとGRの値を加算して，実効アドレスをつくる（図2.13）。このことを「アドレス加算する」といい，加算される値を指標値と呼ぶ。実効アドレスとは，実際に有効となるアドレスで，GRやメモリに送られて使用される。

　GRを指標値として使う場合は，指標レジスタと呼ばれ，GR0以外のジェネラルレジスタを指標レジスタとして使用することができる。

　アドレス加算を行わない場合は，命令のアドレス部（2語目）で示されるアドレスがそのまま実効アドレスとなる。

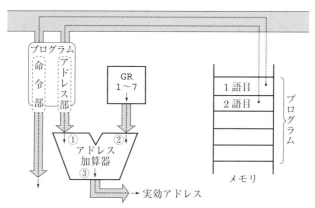

① プログラムのアドレス部（2語目）
② 指標値（GR0以外のGRの値）
③ 実効アドレス（メモリ，FR，GRへ）

図2.13　アドレス加算器

◆◆◆ 演習問題 ◆◆◆

[1] 800 MHz の動作クロックを使用するマイクロプロセッサのサイクルタイムを求めよ。

[2] 1分間に平均87億回の命令を実行するコンピュータの処理能力は何 MIPS か。

[3] CPI が3，平均命令実行時間が 0.06 μs のマイクロプロセッサの動作クロック周波数を求めよ。

[4] CISC 型と RISC 型の違いを説明せよ。

[5] IOP の役割を述べよ。

[6] 1分間に 2,800 万回の浮動小数点演算を行う CPU について，FLOPS 値を求めよ。

[7] 次の表に示す命令構成のマイコンの CPI を求めよ。

表2.3 マイコンの命令構成

命令の実行に必要なクロック数	1	2	3	4	5
該当命令数	2	12	10	8	2

[8] 問 [7] のマイコンの動作周波数が 20 MHz であった。このマイコンの MIPS 値を求めよ。ただし，命令実行時間は CPI の値より算出する。

[9] フラグレジスタの役割について述べよ。

[10] 4 GHz の動作クロックを使用するマイクロプロセッサのサイクルタイムは何 ns か求めよ。

[11] 1分間に平均 200 億回の命令を実行するコンピュータの処理性能は何 MIPS か。

[12] 0.4 ns のサイクルタイムのクロックの動作周波数は何 GHz か。

[13] 携帯電話やゲーム機に使われている CPU やメモリについて調べ，その機能や性能について説明せよ。

[14] バスライン方式の利点について調べよ。

第3章 主記憶装置

本章では，プログラム内蔵方式コンピュータに欠かせない要素である主記憶装置の構成と役割について解説する。また，ICメモリに関してその分類と用途について解説する。

3.1 主記憶装置の構成

主記憶装置は，図3.1のように，データを記憶する記憶部，データの記憶場所を指定するアドレス選択機構，および読取り書込み機構から構成される。

3.1.1 記憶部

主記憶装置の記憶部は，格子状に記憶素子（メモリセル）が配置され，アドレスの指定により，その記憶素子に記憶されているデータの読取りや書込みを行う。

3.1.2 アドレスレジスタ

CPUやIOPからのアドレスを一時的に格納するレジスタをアドレスレジスタ

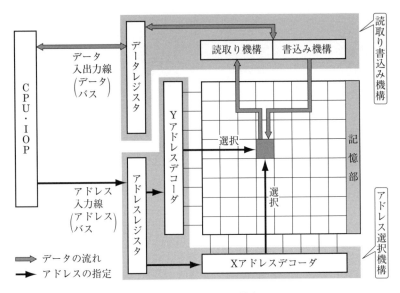

図3.1　主記憶装置の構成

(address register) と呼ぶ。

3.1.3　アドレスデコーダ

　アドレスデコーダは，アドレスレジスタに送られてきたアドレスを受けて選択信号を発生する。X方向：行 (row) とY方向：列 (column) の2つのアドレスデコーダからの信号により，その交点にある記憶場所を指定する。

3.1.4　読取り書込み機構

　アドレスデコーダで選択された記憶場所に対して，データを読み書きする機構を読取り書込み機構という。

3.1.5 データレジスタ

CPU や IOP と主記憶装置との間でデータを仲介するレジスタをデータレジスタ（data register）といい，記憶部に書き込むデータまたは記憶部から読み取られるデータは，一時的にデータレジスタに蓄えられる。

3.2 主記憶装置の特性

主記憶装置の特性は，記憶容量，動作時間，読取り方式などの要素で決められる。

3.2.1 記憶容量

記憶容量（storage capacity）は，記憶装置が記憶できるデータの量を示し，単位にバイト〔B〕が用いられ，通常はキロバイト〔kB〕，メガバイト〔MB〕，ギガバイト〔GB〕などで表される。

一般にシステムの規模に応じて異なるが，記憶容量が大きいほど処理能力は向上するので，記憶容量は大きくなる傾向にある。

主記憶装置の記憶容量は，記憶するデータのビット幅およびアドレスのビット数で決められる。たとえば，データ幅 8 ビット，アドレス 16 ビットの主記憶装置では，16 ビットの組合せ数である 2^{16} 通りのアドレスを指定でき，それぞれのアドレスごとに 8 ビット（1 バイト）のデータを格納するため，$2^{16} = 65,536$〔B〕の記憶容量をもつことになる。$2^{10} = 1,024 ≒ 1$〔kB〕として，$65,536 ≒ 64$〔kB〕と表現する場合もある。

3.2.2 動作時間

主記憶装置と CPU との間でデータをやり取りするのに要する時間を動作時間といい，**アクセスタイム**（access time, または呼出し時間）と，**サイクルタイム**（cycle time）で示される。

アクセスタイムは，主記憶装置に指示を与えてから読取り・書込みが行われるまでの時間をいう。

サイクルタイムは，1 回のデータの読取り・書込みが行われてから，次のデータの読取り・書込みが行われるまでの時間をいう。

3.3 IC メモリ

主記憶装置は，LSI としてつくられた **IC** メモリで構成される。IC メモリには図 3.2 で示される種類があり，一般に読み書きが可能なものを **RAM**（random access memory），読取り専用のものを **ROM**（read only memory）と呼ぶ。

3.3.1 RAM

RAM では，アドレスによってデータの格納位置を指定し，データの読み書きを行う。メモリセルの構造上から **DRAM**（dynamic RAM）と **SRAM**（static RAM）と **FeRAM**（ferroelectric RAM）に分けられる。図 3.3 に DRAM のメモリセルの基本構成例を示す。

DRAM のメモリセルは，1 個の **MOSFET**（Tr）とコンデンサ（C）から構成される。C が記憶素子で，Tr はスイッチの役割をする。選択線 S でメモリセルを選択し，信号線 D を通じてメモリセルのデータを操作する。コンデンサの"充電状態"と"放電状態"との 2 通りの状態を 2 進数の 1 ビットとして記憶する。たとえば，充電状態を"1"，放電状態を"0"とする。充電されたコンデンサは時

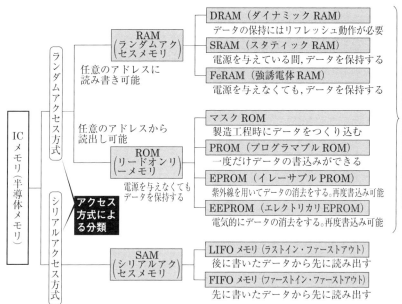

図 3.2　IC メモリの種類

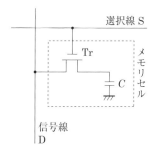

図 3.3　DRAM のメモリセル構成例

3.3　IC メモリ　33

間の経過により放電してしまうので，そのままでは記憶したデータが消えてしまう。そこで，一定時間ごとに，コンデンサの充電状態を正常に戻し，データを保持する機能をもたせる必要がある。これを**リフレッシュ**（refresh）と呼ぶ。

DRAMは，SRAMに比べてアクセスタイムは遅いが，メモリセルの構造が単純で，1ビットあたりの単価が安いため，主に大容量を必要とする主記憶装置に用いられる。

SRAMのメモリセルは，図3.4のように1ビットあたり1個のフリップフロップで構成される。SRAMメモリセルにおける「フリップフロップ」は1ビットのデータ保持回路の意味として使われている。

抵抗（R_1, R_2），MOSFET（Tr_1, Tr_2）で構成されるフリップフロップによりデータを記憶する。たとえば，図の接点aがHレベル（高電位）の場合，Tr_1がONとなり，接点bはLレベル（低電位）となる。このためTr_2はOFFのため，接点aはHレベルを保持する。Tr_3とTr_4はスイッチであり，選択線Sの電圧のレベルを高くすると導通となる。

メモリセル自身が電流を流すことができるため，アクセスタイムが高速であり，キャッシュメモリなどに使用される。また，DRAMに比べ，消費電力が少なく電池によるデータの保持が可能なため，携帯型コンピュータなどに使用される。

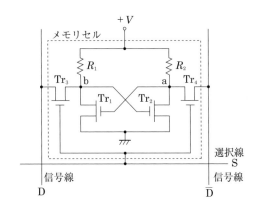

図3.4　SRAMのメモリセル構成例

DRAMやSRAMのように，電源を切るとデータを消失してしまうメモリを**揮発性メモリ**と呼ぶ．

一方，不揮発性メモリのFeRAMのメモリセルは，図3.5のようにMOSFETとコンデンサから構成される点はDRAMと同様であるが，コンデンサの極板間の材料に強誘電体が用いられ，分極方向と呼ばれる誘電体内部の電荷の偏りにより記憶する．この分極方向は，一度電圧を印加し決定すれば変化しないため，電源を与え続けなくても記憶したデータが保持される．また，プレート線の電圧のレベルを高くすると強誘電体キャパシタの電荷が信号線に放出され，記憶したデータが読み出される．FeRAMは，DRAMに比べてアクセスタイムは遅いが，電源を与えなくてもデータを保持でき，リフレッシュの動作も不要である．また，フラッシュメモリに比べてアクセスタイムが速く，かつ低電圧での動作が可能なため，交通系ICカード等に使用されている．

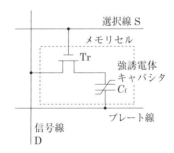

図 3.5　FeRAMのメモリセル構成例

3.3.2　ROM

ROMは読取り専用メモリであり，電源を切ってもデータを保持する（**不揮発性**）メモリセルを使用する．ROMには，マスクROM，PROM，EPROM，EEPROMなどがある．

マスク **ROM**（mask ROM）は，その製造工程において，あらかじめデータ

を書き込んでおくもので，使用者がデータを書き込むことはできない。

PROM（programmable ROM）は，使用者が ROM 書込み装置（ROM writer）によりデータを書き込むことができる ROM である。一度しか書き込めないため**ワンタイム ROM** とも呼ばれる。

EPROM（erasable PROM）は，データの消去が可能な PROM であり，使用者がデータを書き換えて繰り返し使用できるものである。一般的にガラスの窓から紫外線を当てることによってデータを消去するものを EPROM と呼び，電気的にデータを消去できる EPROM を **EEPROM**（electrically EPROM）と呼ぶ。代表的な EEPROM に**フラッシュメモリ**（flash memory）がある。フラッシュメモリで構成した補助記憶装置は，小型で高速であるため，ディジタルカメラなどの記憶装置などに使用される。

フラッシュメモリのメモリセルは，図 3.6 のようにフローティングゲートと呼ばれる要素をもつトランジスタ（Tr）によって構成される。フローティングゲートの"電荷がある状態（Tr ON）"と"電荷がない状態（Tr OFF）"との 2 通りの状態を 2 進数の 1 ビットとして記憶する。フローティングゲートの電荷は，制御ゲートに高電圧をかけたときのみ変化が生じ，それ以外は状態が保持されるため，電源を与え続けなくても記憶したデータが保持される。

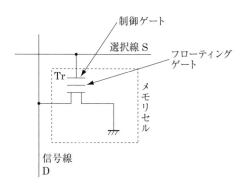

図 3.6　フラッシュメモリのメモリセル構成例

3.4 キャッシュメモリ

　CPUのレジスタ群と主記憶装置の間では，実行に必要なプログラム（命令，データ）や処理結果を頻繁にやりとりしている。したがって，レジスタと主記憶装置との間にアクセスタイムの差があると，全体の動作は遅いほうの時間に制限されてしまう。そこで，両者の間に中間的な速度の記憶装置を入れることにより，全体としての速度および性能の向上を図る方法が用いられる。この記憶装置を**キャッシュメモリ**（cache memory）という。

　図3.7のように，使用頻度の高いデータを主記憶装置より転送し，キャッシュメモリからアクセスする。

　また，CPUから主記憶装置へデータを書き込むときにも，キャッシュメモリに書き込んだあとに，まとめて主記憶装置に書き込むことにより，高速化が図れる。一般的にキャッシュメモリには，高速なSRAMが用いられる。

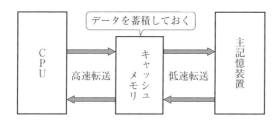

図3.7　キャッシュメモリの動作

◆◆◆ 演習問題 ◆◆◆

[1] アドレスレジスタとアドレスデコーダの働きを述べよ。

[2] データ幅16ビット，アドレス32ビットで構成される主記憶装置の記憶容量は約何Gバイトか。

[3] 主記憶装置にDRAMが用いられる理由を説明せよ。

[4] RAMとROMの違いを説明せよ。

[5] キャッシュメモリの働きを説明せよ。

[6] ROMに記憶したほうがよいと思われるプログラムやデータにはどのようなものがあるか答えよ。

[7] データ幅32ビット，アドレス16ビットで構成される主記憶装置の記憶容量は約何kバイトか。

[8] メモリにおけるアドレスの役割を説明せよ。

[9] DRAMにおいてリフレッシュ動作が必要な理由を説明せよ。

[10] フラッシュメモリにはNAND型とNOR型がある。それぞれの特徴について調べよ。

第4章 補助記憶装置と周辺装置

本章では，3章で説明した主記憶装置の機能を補う補助記憶装置，プログラムやデータの入出力やヒューマンインターフェースの役割を担う周辺装置について解説する。

4.1 補助記憶装置

コンピュータは，補助記憶装置に保存されているプログラムやデータを，実行時に主記憶装置に転送し，処理を行う。表 4.1 に主な補助記憶装置を示す。パソコンでは，OS などの主要なプログラムは HDD や SSD にインストールされるが，たとえば速度の面で比較すると，HDD が 1 秒間に 160 MB，SSD が 3,500 MB の転送速度の場合，SSD を用いた方が 20 倍以上高速であることがわかる。

4.1.1 半導体メモリ（SSD）

SSD（solid state drive）は図 4.1 に示すように，コンピュータとのデータ通信を行うホストインターフェース，データを一時的に保存するバッファメモリ，フラッシュメモリの制御およびデータ転送を行うフラッシュメモリコントロー

表 4.1　主な補助記憶装置

分類	装置名	記憶容量の目安	転送速度の目安
磁気ディスク	ハードディスク装置（HDD）	～12 TB	～160 MB/s（読出し／書込み）
磁気テープ	DDS/DAT	～320 GB	～12 MB/s（読出し／書込み）
光ディスク	CD	～700 MB	～10.8 MB/s（読出し）, ～7.8 MB/s（書込み）
	DVD	～17.08 GB	～22.16 MB/s（読出し／書込み）
	BD	～128 GB	～72 MB/s（読出し／書込み）
半導体メモリ	SDカード	～512 GB	～300 MB/s（読出し）, ～260 MB/s（書込み）
	SSD	～60 TB	～3,500 MB/s（読出し）, ～2,100 MB/s（書込み）
	USBフラッシュメモリ	～2 TB	～420 MB/s（読出し）, ～380 MB/s（書込み）

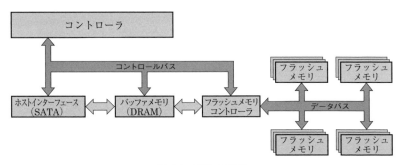

図 4.1　SSD の構成

ラ，これらの制御を行うコントローラ，データを保存するフラッシュメモリによって構成される。内蔵されたフラッシュメモリに対してデータの読み書きを行うことで，高速な転送速度を実現している。また，SSD は現在普及している補助記憶装置の中で転送速度が最も高速であり，SSD に用いられている主流のインターフェース規格として，SATA（serial advanced technology attachment）や NVMe（non-volatile memory express）が存在する。SATA は，後述のハード

ディスク装置や CD 等の光ディスクを用いた補助記憶装置等，幅広く使用されているインターフェース規格である。規格上の最大転送速度が 6 Gbps であるため，8〔bit〕= 1〔Byte〕より 6,000〔Mbit/s〕÷ 8〔bit〕= 750〔MB/s〕程度に制限される。一方で，NVMe は不揮発性メモリを用いた補助記憶装置を接続するためのインターフェース規格として制定された。

4.1.2　磁気ディスク（HDD）

ハードディスクドライブ（HDD：hard disk drive）は，図 4.2 に示すように，表裏に磁性体を塗布した複数のディスクを高速に回転させ，ディスクごとに用意された磁気ヘッドを使用して，データの読み書きを行う。また，読み書きの単位として，同心円状に分割された記憶領域のトラック，同一位置のトラックを円筒状に仮想的に積み重ねたシリンダ，トラックを放射状に等分したセクタが用いられる。

普及している補助記憶装置の中で SSD に次いでデータの転送速度が高速であり，HDD に用いられている主流のインターフェース規格として，SATA や SAS（serial attached SCSI）が存在する。SATA は，個人向けを想定したインターフェース規格となっており，データの転送が CPU 等の転送先の状況を確認せず

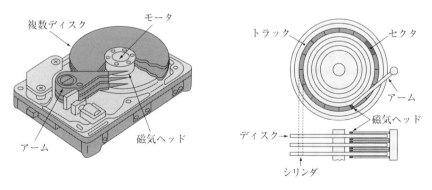

図 4.2　HDD の機構

に行われるため信頼性が低いが，安価なので一般に普及している。一方で，SASはCPU等の転送先の状況を確認しながらデータの転送が行われるため信頼性が高い。高価ではあるが，企業等で使用されることが多い。また，過去のインターフェース規格としてIDE（integrated drive electronics）やSCSI（small computer system interface）などが存在する。

ハードディスクドライブの性能を示す尺度の1つとして，平均アクセス時間が挙げられる。平均アクセス時間は，以下の式で示される。

$$平均アクセス時間 = 平均シーク時間 + 平均回転待ち時間 + データ転送時間$$

項目については以下の通りである。

- **シーク時間**（シークタイム）：磁気ヘッドが目的のデータ位置（トラック）まで移動する時間。
- **回転待ち時間**（サーチタイム）：トラック上で磁気ヘッドが目的のデータに到達するための回転待ち時間。また，ディスクが1/2回転するのに要する時間を平均回転待ち時間という。
- **データ転送時間**：磁気ディスクに対してデータを読み書きする時間。

4.1.3 光ディスク（CD, DVD, BD）

CD（compact disc）は，650 MBや700 MB等の記憶容量をもつ光ディスクであり，波長が780 nm（赤色）のレーザー光を照射した際の反射光の強弱により，データの読出しを実現している。

読出し専用のCDであるCD-ROM（compact disc read only memory）はコンピュータのデータ用として利用され，図4.3に示すランド（平面）に対してピット（凹み）でデータがつくり込まれ，レーザー光を当てた際に，ランドに当たった場合は直接反射し，ピットに当たった場合は乱反射する性質を利用し，反射光の強弱でディジタル信号として読み出す。また，CD-ROMをオーディオ用として利用可能としたものをCD-DA（compact disc digital audio）という。また，

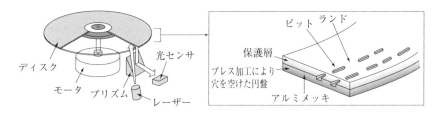

図 4.3　CD-ROM の機構

書込み可能な CD として，CD-R（compact disc-recordable）や CD-RW（compact disc-rewritable）が挙げられる。CD-R は，有機色素を焼き切ることにより反射光の強弱を実現しているため，データの書込みのみ可能で書換えや消去はできない。これに対して，CD-RW ではレーザー光の熱により結晶構造を変化させて反射光の強弱を実現するため，データの書換えや消去が可能である。

DVD（digital versatile disc）は，4.7 GB や 17.08 GB 等の記憶容量をもち，波長が CD より短い 635 nm および 650 nm（赤色）のレーザー光を使用し，レーザー光を DVD に照射した際の反射光の強弱により，データの読出しを実現している。読出し専用の DVD として DVD-ROM（digital versatile disc read only memory），書込み可能な DVD として，DVD-R（digital versatile disc-recordable）および DVD-RW（digital versatile disc-rewritable）がある。読み書きの方法は，CD，CD-R，CD-RW と同様である。

BD（blu-ray disc）は，25 GB や 128 GB 等の記憶容量をもち，波長が DVD よりさらに短い 405 nm（青色）のレーザー光を使用する。読出し専用の BD として BD-ROM（blu-ray disc read only memory），書込み可能な BD として，BD-R（blu-ray disc-recordable）および BD-RE（blu-ray disc-rewritable）があり，読み書きの方法は，CD や DVD と同様である。

4.1.4　磁気テープ（DDS/DAT）

DDS（digital data storage）および DAT（digital audio tape）は，図 4.4 に

示すように磁気テープを走行させ，磁気ヘッドによりデータの記録および読出しを行う。使用時は DAT カートリッジ（図 4.5）を DAT ドライブ（図 4.6）に挿入し使用する。テープの走行によりデータの読み書きを行うため，ランダムアクセス（任意アドレスへのアクセス）は不向きで，シリアルアクセス（連続アドレスへのアクセス）用途であるが，単位容量あたりのコストが安価であるため，データセンターにおけるデータのバックアップなどに使用されている。

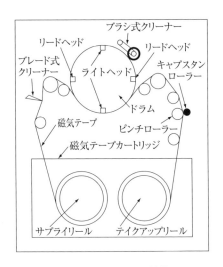

図 4.4 DDS/DAT の機構

図 4.5 DAT カートリッジ

図 4.6 DAT ドライブ

4.2 入出力装置

入出力装置は，主に人間とコンピュータとの接点として使用され，人間が認識できる情報とコンピュータが認識できる情報との変換を行う。

4.2.1 文字入力装置

文字入力装置は，コンピュータに対して文字データを入力することを目的として用いられる装置である。代表的な文字入力装置として，キーボード（keyboard）が挙げられる。キーボードは，文字に対応したキーによって，コンピュータに対して文字コードを入力する。必要なキーがシステムや対応言語で異なるため，表 4.2 に示すように複数の種類のものがあるが，英数字に関しては配列が共通である。

表 4.2　キーボードの種類

対応システム	対応言語	種類名	概要
Windows	英語	101 キーボード	英数字のみ
		104 キーボード	101 キーボード + Windows キー×2，アプリケーションキー×1
	日本語	106 キーボード	キーに「かな」が刻印
		109 キーボード	106 キーボード + Windows キー×2，アプリケーションキー×1
Apple	英語	US キーボード	英語キーボード
	日本語	JIS キーボード	日本語キーボード

4.2.2 ポインティングデバイス

ポインティングデバイス（pointing device）は，コンピュータに対するカーソルやグラフィックに関する座標データの入力を目的として用いられる装置である。代表的なポインティングデバイスとして，マウス（mouse）が挙げられる。

図 4.7　タブレット

マウスは，広く使用されているポインティングデバイスである。マウスには，内部のボールによって X 軸と Y 軸のローラを回転させ，エンコーダで移動距離を計測する機械式のものと，赤外線やレーザーの反射光を読み取って移動距離を計測する光学式のものがあり，現在主流の方式は光学式である。

タブレット（tablet）（図 4.7）は，パッドとペンの組合せによって，ペンや鉛筆などに似た感覚でグラフィックを書くことができるポインティングデバイスである。X，Y 軸の読取り方式として，網目状の導線を用いた電磁誘導式のものと，大量の電極を用いた静電容量式のものがある。

その他のポインティングデバイスとして，機械式マウスのボールを逆さ，すなわち表面に配置し，ボールを指で回転させてエンコーダまたは反射光により移動距離を読み取って座標入力を可能とするトラックボール，図形などを写し取るときに使用されるディジタイザ，ノートパソコンなどで指先の動きを読み取って画面内のカーソルを動かすタッチパッド，タブレット型端末などでディスプレイの表面を直接指などで触れることにより，カーソルを動かすことが可能なタッチパネルなどがある。

4.2.3　音声入出力装置

音声入出力装置は，アナログ信号である音声データとディジタル信号との変換を行う装置である。アナログ信号からディジタル信号への変換には A/D（analog/

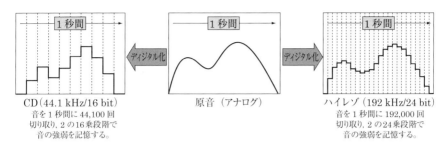

図4.8 CDとハイレゾの比較

digital) コンバータ，ディジタル信号からアナログ信号への変換には D/A (digital/analog) コンバータが使用される．A/D コンバータでは，アナログ信号の振幅を周期的なタイミングで切り出し，ディジタル信号に変換する．このとき，アナログ信号の振幅を切り出す周期的なタイミングをサンプリング周波数と呼び，単位は「Hz（ヘルツ）」で示される．また，変換後のディジタル信号のビット数は量子化ビット数と呼ばれ，単位は「bit（ビット）」で示される．D/A コンバータは，A/D コンバータとは逆の動作で，入力されたディジタル信号を周期的なタイミングでアナログ信号へ変換する．サンプリング周波数は値が大きいほど，高い音域まで再現可能となる．また，アナログ信号を正しくディジタル信号に変換するためには，サンプリング周波数をアナログ信号のもつ周波数成分の帯域幅の2倍より高い周波数に設定する必要がある．一方，量子化ビット数は値が大きいほど，より細かい音まで再現可能であり，音の強弱や音階の変化に関してより細かい再現が可能である．

代表的な音声入出力装置として，サウンドカードが挙げられる．サウンドカードは，コンピュータに対して音声データの入出力機能を拡張するためのハードウェアである．

たとえば，量子化ビット数およびサンプリング周波数が 44.1 kHz/16 bit の CD に対して，ハイレゾ音源の 192 kHz/24 bit を比較すると，図4.8に示すようにハイレゾ音源の方が原音に近い波形を再現できていることが確認できる．

4.2.4 画像入力装置

　画像入力装置は，撮像素子により画像を読取りデータに変換することで，コンピュータに画像データを入力する装置である．撮像素子には，CCD イメージセンサ（charge coupled device image sensor）や CMOS イメージセンサ（complementary metal oxide semiconductor image sensor）が用いられる．いずれも，画素数に応じた大量のフォトダイオードで，入射光を電荷に変換し，電気信号として処理する．CCD イメージセンサは，各々の画素の電荷を隣接する画素へとバケツリレー式に一斉転送し，順次信号処理して外部にデータを送る．CCD イメージセンサは，感度と呼ばれる受光した光の増幅度および S/N 比と呼ばれる受光した光量とノイズ量の比率の性能の面で優れている．しかし，消費電力が大きく，回路構成も複雑で高価である．一方で，CMOS イメージセンサは，電荷の信号処理は細分化されたエリアごとに行い，データを外部へ出力する．CCD イメージセンサと比較して消費電力は小さく，回路構成が簡単であり，安価である．感度および S/N 比が CCD イメージセンサに劣るが，近年では構造や製造方法の改善により CCD イメージセンサに迫るレベルに到達しており，スマートフォンや画質を追及する一眼レフのデジタルカメラにも採用され主流となっている．

　代表的な画像入力装置として，イメージスキャナ（image scanner）が挙げられる．イメージスキャナは，原稿に対して光を当て，その反射光の強弱をグラフィックデータ（イメージ）としてラインセンサによって読み取る．ラインセンサは文字通り一度に 1 ライン読み取ることができ，センサで読み取る位置を移動し，読み取った 1 ラインごとのデータを合成することで，1 枚分の原稿を読み込む（図 4.9）．主な性能を示す尺度として，ドット密度の dpi（dots per inch）が使用され，1 インチの幅の中に表現可能なドット（点）数を示し，この値が大きいほど高解像であることを示す．

　また，デジタルカメラやデジタルビデオを用いて，通信ケーブルやメモリカードなどを介して記録した映像をコンピュータに入力することで，容易に

図 4.9 イメージスキャナ

編集および加工が可能である．主な性能を示す尺度として，画素数の pixel や感度の ISO（international organization for standardization）感度が使用される．pixel は単位時間あたりに同時に読取り可能なドット（点）の数を示しており，ディスプレイの Full HD が 1,920 × 1,080 pixel，4 K が 3,840 × 2,160 pixel，8 K が 7,680 × 4,320 pixel のように，この値が大きいほど高解像であることを示す．ISO 感度は，受光した光の増幅度を示す尺度であり，この値が高くなるほど，暗い場面や移動が早い被写体も早いシャッター速度で撮影できるため，シャープな映像を撮影できる．

4.2.5　表示装置

　表示装置は，コンピュータの演算結果等を視覚的に表示する装置である．代表的な表示装置として，ディスプレイが挙げられる．ディスプレイはコンピュータの演算結果などを人間の視認可能な形で表示するための装置である．主流である液晶ディスプレイ（LCD：liquid crystal display）は，図 4.10 のように加える電圧によって光の透過度が変化する液晶分子を 2 枚のガラス基板に挟み，導光板と偏光板とを組み合せ，文字や図形を表示する．画素（pixel）の集合体であり，1 画素あたり主に赤緑青の RGB（red green blue）のサブ pixel によって構成さ

れ，液晶の裏よりバックライトの光源により光を当て，光の三原色 R（red），G（green），B（blue）を活用し，それぞれの光の透過度を調整することでカラー画像の表示を実現している。たとえばRGBすべての透過度が最大で白，最小で黒，R（red）のみ最大でG（green）およびB（blue）は最小であれば赤が表示される。表 4.3 に性能を表す主な尺度を示す。

例としては，解像度：1,920 × 1,080 pixel，応答速度：8 ms，表示色：フルカラー約 10 億 7,000 万色，輝度：350 cd/m^2，コントラスト比：1,000：1，視野角：

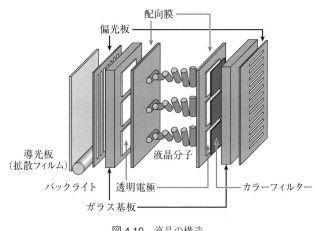

図 4.10　液晶の構造

表 4.3　表示装置の性能を表す尺度

尺度	単位	概要
解像度	pixel	映像を構成する画素数
応答速度	ms	画面の色が"黒→白→黒"に変化するときに要する時間
表示色	色	表示可能な色数
輝度	cd/m^2	画面の明るさ
コントラスト	X：1	白（最大輝度）と黒（最小輝度）の輝度の比率
視野角	°	ディスプレイに対する視聴する角度を付けた場合に，一定のコントラスト比以上を維持可能な最大角度

178°／178°（上下／左右）と示される。

また，有機EL（有機 electro luminescence）ディスプレイは，テレビやスマートフォンで普及し始めているディスプレイ形式であり，液晶ディスプレイと同様に画素の集合体で構成され光の三原色を利用している点では共通であるが，バックライトが存在せず，1つひとつの画素が有機物で構成され，ホタルの発光現象と同様に有機物の発光現象を利用し表示を行う。これにより，液晶ディスプレイの場合は黒を表現する際に，バックライトの光を液晶で遮るため，液晶分子のわずかな隙間より光漏れが発生するのに対し，有機ELディスプレイは黒以外の色が必要なときにのみ画素自体が光るため，黒の再現力が高く，コントラスト比の高いメリハリの利いた映像を表示することが可能である。性能を表す尺度に関しては，液晶ディスプレイと同様である。

4.2.6 印刷装置

印刷装置は，紙などの媒体に対してインクの塗布などの方法により印刷する装置である。代表的な印刷装置として，プリンタが挙げられる。主流のプリンタの種類として，レーザープリンタやインクジェットプリンタやドットプリンタ，熱転写プリンタ，昇華型プリンタが存在する。

レーザープリンタは，解像度が高く印刷速度も速い。印刷の原理は，図4.11に示すように，まず全体に静電気を帯びさせた感光ドラムの印刷したくない場所に対して，レーザー光を当てて帯電を解放する。そして，静電気の残ったところにトナー（炭素の微粒子）を付着させて印刷情報を作成したあと，感光ドラムに残った静電気を解放する。ドラムから用紙にトナーが転写されるので，定着器で熱と圧力を加え用紙にトナーを定着させる。カラーレーザーも同様の仕組みで，CMYK（cyan magenta yellow key plate）の4色のトナーをそれぞれ転写し定着させカラー印刷を実現している。

インクジェットプリンタは，コンティニュアス型とオンデマンド型がある。コンティニュアス型では，超音波振動によりインクを粒子化してノズルから噴出さ

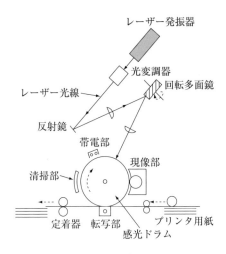

図 4.11 レーザープリンタの原理

せる。また，オンデマンド型には，圧電素子を用いるピエゾ方式と発熱素子を用いるサーマル方式がある（図 4.12）。

　ドットインパクトプリンタは，印字ヘッドが小さなピンの集まりでできており，印字に必要なピンだけを物理的に打ち出して，それをインクリボンに打ち付けて紙に印刷する方式である。そのため，解像度が低く印刷音も大きくなる欠点もあるが，複写紙に印刷できるという利点があるため，伝票や宅配便の宛名などの印刷用として多く利用されている。

　熱転写プリンタは，電流を流して加熱したサーマルヘッドによって，インクリボンを溶かし，紙に転写することで印刷をする。このため，感熱紙への印刷も行える。価格が安価で小型なため，家庭用の FAX やワープロ内蔵のプリンタとして使用されている。

　昇華型プリンタは，昇華性染料を塗ったインクフィルムとポリエステル系の樹脂をコートした受容紙を重ね合わせ，印字ヘッドの熱によりインクフィルムの染料を昇華させて受容紙にインクを吸着させて印刷する。昇華型プリンタは，非常に滑らかなカラー印刷が行えるが，本体価格や印刷コストは高い。染料を昇華に

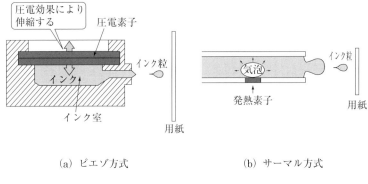

図 4.12　オンデマンド型インクジェットプリンタの原理

より気化させているため，自然画も滑らかな印刷ができる。この利点を活用し，証明写真機やゲームセンターの写真加工印刷機のプリンタとしても採用されている。

　性能を示す主な尺度として，イメージスキャナと同様にドット密度の dpi や，印刷速度の ppm（page per minute）や ipm（image per minute）が用いられる。ppm と ipm は 1 分間あたりの印刷可能枚数を示しており，値が大きいほどより高速に印刷が可能であるが，ppm の場合は速度計測をメーカ独自の方法で実施した値，ipm の場合は国際標準化機構（ISO）が規定した方法で実施した値という点で異なる。そのため，異なるメーカのプリンタ同士の印刷速度を比較する場合は，ipm の値を用いることにより定量的な比較が可能である。

◆◆◆ 演習問題 ◆◆◆

［1］パソコンと外部機器を接続するインターフェースについて調べ，それぞれの特徴をまとめよ．

［2］以下の補助記憶装置のうちデータの記録および読取りに磁気を使用している装置を選択せよ．

　　ハードディスク，CD，SSD，USB フラッシュメモリ，DDS/DAT，BD

［3］回転速度が 6,000 回転／分，平均シーク時間が 15 ミリ秒，1 トラックあたりの記憶容量を 12,000 B とした場合に，1 ブロックが 3,000 B のデータを 1 ブロック転送するために必要な平均アクセス時間について求めよ．

［4］回転速度が 6,000 回転／分，平均シーク時間が 17 ミリ秒，1 トラックあたりの記憶容量を 15,000 B とした場合に，1 ブロックが 5,000 B のデータを 1 ブロック転送するために必要な平均アクセス時間を求めよ．

［5］10 ms/line の速度で読取り可能なイメージスキャナで A4 用紙 297 mm を 300 dpi で読み取る場合に必要な時間について求めよ．

［6］5 ms/line の速度で読取り可能なイメージスキャナで A4 用紙 297 mm を 600 dpi で読み取るためには何秒かかるか計算せよ．

［7］解像度が 1,920 × 1,080 pixel で，色数が 65,536 色（2^{16} 色）の画像を表示させるために必要なビデオメモリの容量は何 MB か．ただし，1〔MB〕＝ 1,000〔kB〕，1〔kB〕＝ 1,000〔B〕とする．

［8］解像度が 1,600 × 1,200 pixel で，色数が 65,536 色（2^{16} 色）の画像を表示させるために必要なビデオメモリの容量は何 MB か．ただし，1〔MB〕＝ 1,000〔kB〕，1〔kB〕＝ 1,000〔B〕とする．

［9］解像度 1,280 × 720 pixel，24 bit フルカラーで 30 フレーム／秒の動画像配信に必要な最小帯域幅は何 Mbps か．ただし，データ圧縮なし，1〔MB〕＝ 1,000〔kB〕，1〔kB〕＝ 1,000〔B〕とする．

［10］解像度 1,920 × 1,080 pixel，24 bit フルカラーで 60 フレーム／秒の動画像配信に必要な最小帯域幅は何 Mbps か．ただし，データ圧縮なし，1〔MB〕＝ 1,000〔kB〕，1〔kB〕＝ 1,000〔B〕とする．

［11］液晶ディスプレイには，TN 型と IPS 型と VA 型がある．それぞれの特徴について調べよ．

第5章 データの表現

コンピュータ内部では，すべてのデータがディジタル信号として扱われる。ディジタル信号は，LレベルとHレベルの2種類の組合せであり，2進数に対応される。本章では，コンピュータで扱われる数値やデータについて解説する。

5.1 数体系

5.1.1 10進数と2進数

日常生活の中で使用している数は **10進数**（decimal number）と呼ばれ，0〜9までの10種類の数字によって数を表し，各桁は下の位から1の位，10の位，100の位，…，10^{n-1}の位（n：桁の位置）を示す。小数点以下は，上の位から0.1の位，0.01の位，…，10^{-n}の位（n：小数桁の位置）を示す。

これに対して，**2進数**（binary number）では，0と1の2種類の数字によって数を表し，各桁は下の位から1の位，2の位，4の位，…，2^{n-1}の位（n：桁の位置）を表す。小数点以下は，上の位から0.5の位，0.25の位，0.125の位，…，2^{-n}の位（n：小数桁の位置）を示す。

2進数を10進数に変換するには，各桁の位の値を考えて，たとえば図5.1のように行う。また，10進数を2進数に変換するには，図5.2（a）に示すように，繰り返し2で除算し，余りを求めることによって行う。

小数部は，図5.2（b）に示すように，繰り返し2を乗算し，整数部への桁上がりを求めることにより行う。

また，桁数が少ない場合は2進数の位の重みを考えて，図5.3に示すように2進数と10進数を変換することもできる。

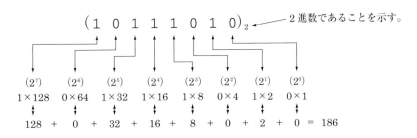

図5.1　2進数の構造

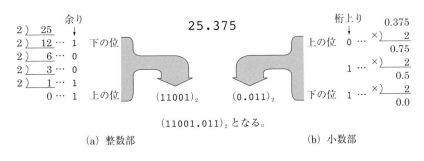

(a) 整数部　　　　　　　　　　　　　　　　(b) 小数部

図5.2　10進数を2進数に変換する

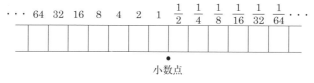

(a) 2進数の位の重み

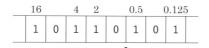

$16 + 4 + 2 + 0.5 + 0.125 = 22.625$

(b) 変換例

図 5.3 2進数と10進数の変換

5.1.2 2進数と16進数

2進数で数を表す場合は，桁数が多くなり，見にくくなってしまうので，多くの場合は **16進数**（hexadecimal number）に変換して表記される。16進数では，0〜9，A〜Fまでの16種数の数・英字によって数を表し，各桁は下の位から1の位，16の位，256の位，$\cdots$，16^{n-1}の位（n：桁の位置）を表す。

4桁の2進数〔$(0000)_2$〜$(1111)_2$〕と1桁の16進数〔$(0)_{16}$〜$(F)_{16}$〕がそれぞれ対応することより，変換は図5.4のように行う。

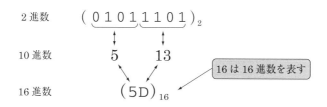

図 5.4 2進数と16進数との変換

表5.1 2, 10, 16進数

10進数	2進数	16進数
0	0	0
1	1	1
2	10	2
3	11	3
4	100	4
5	101	5
6	110	6
7	111	7
8	1000	8
9	1001	9
10	1010	A
11	1011	B
12	1100	C
13	1101	D
14	1110	E
15	1111	F
16	10000	10
17	10001	11

5.2 数値データ

5.2.1 負数の表現

8ビットの2進数を考えた場合，表現できる数値は整数形データ $(0000\ 0000)_2$ ～ $(1111\ 1111)_2$，すなわち10進数で0～255である。しかし，この場合は負の数は表現できない。負の数を表現するのに，**2の補数**で表す方法がよく用いられる。

2の補数を求めるには，まず，**1の補数**を求める。1の補数とは元の2進数の1と0を反転したものである。1の補数に1を加えたものが2の補数なので1を加える（図5.5）。2の補数を求めることは元の数に−1を掛けることと同じである。

図5.6に2の補数を用いた符号付8ビット表現を示す。この方法では，10進

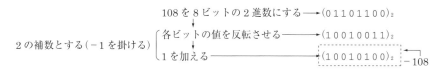

図 5.5 2の補数（符号付 8 ビット表現での例）

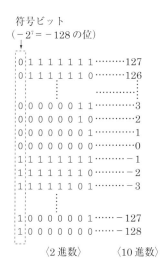

図 5.6 2の補数による表現（符号付 8 ビット表現）

数で-128〜127までの数値を表すことができる。**最上位ビット**（MSB：most significant bit）は負記号を示す符号ビットとして扱われる。

　負の 2 進数（符号ビットが 1 である 2 進数）を 10 進数に変換するには，まず，2 の補数を求めて正の数とする。次に正の 2 進数を 10 進数に変換して，マイナス符号を付ける。図 5.7 に符号付 8 ビット表現で負の 2 進数（1011 0010）$_2$ を 10 進数に変換する手順を示す。

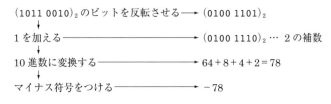

図 5.7 負の 2 進数を 10 進数にする

```
   00110010  ……  50              00110010  ……  50
 -)00000101  ……   5            +)11111011  ……  -5
   00101101  ……  45            1 00101101  ……  45
                                ↓
                              捨てられる
      (a) 50-5                      (b) 50+(-5)
```

図 5.8　2 進数の計算例（符号付 8 ビット表現での例）

5.2.2　2 進数の計算

　CPU のレジスタや主記憶装置などのコンピュータの記憶要素を考えた場合，扱うことのできるビット幅は決められており，たとえば COMET II の場合は，16 ビットである。このビット幅を超える計算を行った場合は通常は，あふれたビットは消失してしまう。たとえば 2 の補数による 8 ビットデータについて表現できる正の最大値は $(0111\ 1111)_2 = 127$ であり，負の最小値は $(1000\ 0000)_2 = -128$ である。すなわち 127 を超える計算や -128 を下まわる計算は正しい結果にはならない。

　10 進数で $50-5$ は 45 であり $50+(-5)$ も 45 である。このことを 8 桁の 2 の補数表現の 2 進数で考えてみる。図 5.8 より，$50 = (0011\ 0010)_2, 5 = (0000\ 0101)_2$，$-5 = (1111\ 1011)_2$ なので，$50-5 = (0011\ 0010)_2 - (0000\ 0101)_2 = (0010\ 1101)_2 = 45$ となり，$50+(-5) = (0011\ 0010)_2 + (1111\ 1011)_2 = (0011\ 1101)_2 = 45$ となる。

5.2.3　10進数表示

（1）ゾーン10進数表示

10進数の数字を1桁ごとに扱い，それぞれを8ビットで表示する方法で，上位4ビットをゾーン部，下位4ビットを数字部として表す。最下位の数字を表すゾーン部には，符号（正のときは1100，負のときは1101）がセットされ，それ以外のゾーン部には，EBCDICでは1111，JISコードでは0011がセットされる（図5.9）。

（2）パック10進数表示

1桁ごとの数字を4ビットで表示する方法で，最下位の数字の右側4ビットに符号を付加する（符号はゾーン10進数表示と同じ）（図5.10）。

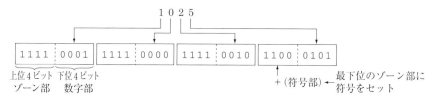

図5.9　ゾーン10進数表示（EBCDICの場合）

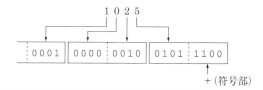

図5.10　パック10進数表示

5.3 文字データ

5.3.1 EBCDIC

EBCDIC は，extended binary coded decimal interchange code（拡張2進化10進コード）の略で，エビシディックと呼ぶ。4ビットで表される2進化10進コード（**BCD** コード）を8ビットに拡張し，$2^8 = 256$ 種類の文字を表現する（表5.2）。たとえば文字「ム」は，列A，行6に示されるので，16進コードで **A6**，2進コードで **1010 0110** となる。

表5.2 EBCDIC

		0	0	0	0	0	0	0	1	1	1	1	1	1	1
		0	0	0	0	1	1	1	0	0	0	0	1	1	1
		0	0	1	1	0	0	1	0	0	1	1	0	0	1
		0	1	0	1	0	1	0	1	0	1	0	1	0	1
0123	4567 列行	0	1	2	3	4	5	6	7	8	9	A	B	C	D	E	F
0000	0	NUL	DLE	DS		SP	&	−	k	t	ソ	x	z	│	│	＼	0
0001	1	SOH	DC1	SOS		。	エ	／	l	ア	タ	~		A	J		1
0010	2	STX	DC2	FS	SYN	「	ォ	c	m	イ	チ	ヘ		B	K	S	2
0011	3	ETX	TM			」	ャ	d	n	ウ	ツ	ホ		C	L	T	3
0100	4	PF	RES	BYP	PN	、	ュ	e	o	エ	テ	マ		D	M	U	4
0101	5	HT	NL	LF	RS	.	ョ	f	p	オ	ト	ミ		E	N	V	5
0110	6	LC	BS	ETB	UC	ヲ	ッ	g	q	カ	ナ	ム		F	O	W	6
0111	7	DEL	IL	ESC	EOT	ァ	a	h	r	キ	ニ	メ		G	P	X	7
1000	8	GE	CAN			イ	−	i	s	ク	ヌ	モ		H	Q	Y	8
1001	9	RLF	EM			ゥ	b	j	、	ケ	ネ	ヤ		I	R	Z	9
1010	A	SMM	CC	SM		¢	!	∧	:	コ	ノ	ユ					
1011	B	VT	CU1	CU2	CU3	.	¥	,	≠	u	v	y	ロ				
1100	C	FF	IFS		DC4	<	*	%	@	サ	w	ヨ	ワ				
1101	D	CR	IGS	ENQ	NAK	(	)	−	'	シ	ハ	ラン					
1110	E	SO	IRS	ACK		+	;	>	=	ス	ヒ	リ	。				
1111	F	SI	IUS	BEL	SUB	│	¬	?	"	セ	フ	ル	。				EO

5.3.2 ASCIIコード

ASCII コードは，american standard code for information interchange コードの略で，ISO コードの 7 ビットにパリティビットを付加した 8 ビットの構成となっている（第 6 章「データの構造とファイル」参照）。

5.3.3 ISOコード

ISO コードは，国際標準化機構（ISO：international organization for standardization）が ASCII コードを基本にして勧告した国際的な 7 ビットの標準コードである。世界中の多くのパーソナルコンピュータは，ISO コードをもとにしたコードを使用している。

5.3.4 JISコード

JIS コードは，ISO コードをもとに，JIS（日本工業規格：japan industrial standards）によって定められたコードで，7 ビットで表現する 7 単位 JIS コードと，8 ビットで表現する 8 単位 JIS コードがある（表 5.3）。日本語の漢字は 2 バイトを用いる JIS 漢字コードとして，別に定められている。

5.3.5 EUC

EUC（extended UNIX code）は，UNIX 系 OS の国際化対応のために開発された文字コード符号化の方法で，ISO コードに基づく。1985 年，日本 UNIX システム諮問委員会の試案に基づき，米国 AT&T により **MNLS**（multinational language supplement）として規定された。日本語 EUC など，各国の文字コードの符号化は，この枠組みで規定される。

表 5.3 8 単位 JIS コード

b8b7b6b5 \ b4b3b2b1		0 0 0 0	0 0 0 1	0 0 1 0	0 0 1 1	0 1 0 0	0 1 0 1	0 1 1 0	0 1 1 1	1 0 0 0	1 0 0 1	1 0 1 0	1 0 1 1	1 1 0 0	1 1 0 1	1 1 1 0	1 1 1 1
行 \ 列		0	1	2	3	4	5	6	7	8	9	A	B	C	D	E	F
0000	0	NUL	TC_7(DEL)	SP	0	@	P	`	p				―	タ	ミ		
0001	1	TC_1(SOH)	DC_1	!	1	A	Q	a	q			。	ア	チ	ム		
0010	2	TC_2(STX)	DC_2	"	2	B	R	b	r			「	イ	ツ	メ		
0011	3	TC_3(ETX)	DC_3	#	3	C	S	c	s			」	ウ	テ	モ		
0100	4	TC_4(EOT)	DC_4	$	4	D	T	d	t			、	エ	ト	ヤ		
0101	5	TC_5(ENQ)	TC_8(NAK)	%	5	E	U	e	u			・	オ	ナ	ユ		
0110	6	TC_6(ACK)	TC_9(SYN)	&	6	F	V	f	v	未定義		ヲ	カ	ニ	ヨ	未定義	
0111	7	BEL	TC_{10}(ETB)	'	7	G	W	g	w			ァ	キ	ヌ	ラ		
1000	8	FE_0(BS)	CAN	(	8	H	X	h	x			ィ	ク	ネ	リ		
1001	9	FE_1(HT)	EM	)	9	I	Y	i	y			ゥ	ケ	ノ	ル		
1010	A	FE_2(LF)	SUB	*	:	J	Z	j	z			ェ	コ	ハ	レ		
1011	B	FE_3(VT)	ESC	+	;	K	[	k	{			ォ	サ	ヒ	ロ		
1100	C	FE_4(FF)	IS_4(FS)	,	<	L	¥	l	|			ャ	シ	フ	ワ		
1101	D	FE_5(CR)	IS_3(GS)	―	=	M	]	m	}			ュ	ス	ヘ	ン		
1110	E	SO	IS_2(RS)	.	>	N	^	n	―			ョ	セ	ホ	゛		
1111	F	SI	IS_1(US)	/	?	O	―	o	DEL			ッ	ソ	マ	゜		

64　第 5 章　データの表現

◆◆◆ 演習問題 ◆◆◆

[1] 次の2進数，10進数，16進数の対応表を完成せよ。ただし，2進数は8桁の2の補数で負数を表現するものとする。

2進法	10進法	16進法
0101 1011	①	②
1011 0100	③	④
⑤	−32	⑥
⑦	113	⑧
⑨	⑩	5A
⑪	⑫	E3

[2] 10進数の $(10.5)_{10}$ を2進数に，2進数の $(0101.011)_2$ を10進数で表現せよ。

[3] 次の2進数の計算結果を2進数と10進数で答えよ。ただし2進数は8桁の2の補数で負数を表現するものとする。

① 0010 1011 + 0100 1101
② 0110 0110 + 0101 0010
③ 1110 1110 + 0111 0110
④ 1000 1001 + 1000 1010
⑤ 0010 1101 − 0001 0100
⑥ 0001 0010 − 0010 0101
⑦ 1100 1001 − 0100 1100
⑧ 1010 1100 − 1101 0010

[4] 378をゾーン10進数とパック10進数で16進数として表記せよ。

[5] 表5.3の8単位JISコードを用いてTokyoを16進数で表記せよ。

第6章 データの構造とファイル

本章ではデータの構造として，配列，スタック，キュー，木，網目について，それらの構造とその扱いについて学ぶ。また，データのまとまりとして，ファイルやデータベースについて解説する。

6.1 データの構造

6.1.1 配列（Array）構造

配列とは要素（データ）を順序づけて並べたものである。配列では，その順序に付けられた添字（番号）によって各要素を扱うことができる。要素を並べる次元によって1次元配列，2次元配列と呼ぶ（図6.1）。

6.1.2 スタック（Stack）構造

スタックは **LIFO**（後入れ先出し：last-in first-out）によるデータ構造をもつ。スタックでは，後に入れたデータから先に読み出す。すなわち，新しいデータか

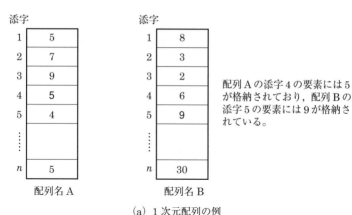

(a) 1次元配列の例

(b) 2次元配列(n 行 i 列)の例

図 6.1 配列

ら順に取り出されることになる。スタックの概念を図6.2に示す。スタックにデータを入れることを**プッシュダウン**（push down）といい，スタックからデータを取り出すことを**ポップアップ**（pop up）という。

　スタックはサブルーチンの呼出しにおける戻り番地の記憶などに用いられる。たとえば図6.3で戻り番地 1，5，7，3，4，10 の順にスタックに書いた場合，戻り番地を読み出す際は，書いた時とは逆に最新の（最後に書いた）戻り番地から読み出すことができる。

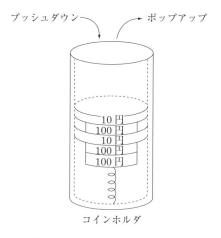

図 6.2　スタック（LIFO）の概念

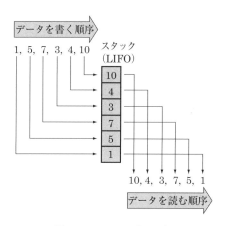

図 6.3　スタック（LIFO）

6.1.3　キュー（Queue）構造

キューは **FIFO**（先入れ先出し：first-in first-out）によるデータ構造をもち，先に入れたデータから先に読み出す。すなわち，古いデータから順に取り出されることになる。キューの概念を図 6.4 に示す。スタックの場合と比較されたい。

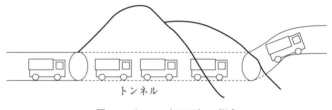

図 6.4　キュー（FIFO）の概念

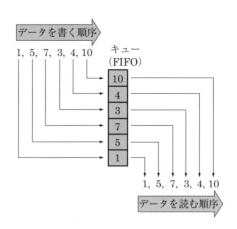

図 6.5　キュー（FIFO）

6.1.4　木（Tree）構造

木構造は**ツリー構造**とも呼ばれ，図 6.6 のように枝分かれするようにデータを関連づける。すべての枝分かれ数が 2 つ以下のものを **2 分木**と呼ぶ。

図 6.7 に**リスト構造**による木構造型データの表現例を示す。同図（a）の木構造を同図（b）で表現している。R1 〜 R10 までの 10 個のレコード（6.2 節「ファイル」参照）から構成され，レコード間のつながりは，下位レベルのレコードのアドレスを示すポインタと同位レベルのレコードのアドレスを示すポインタで表現される。

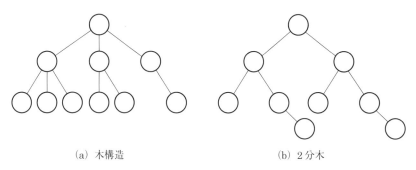

(a) 木構造　　　(b) 2分木

図 6.6　木構造

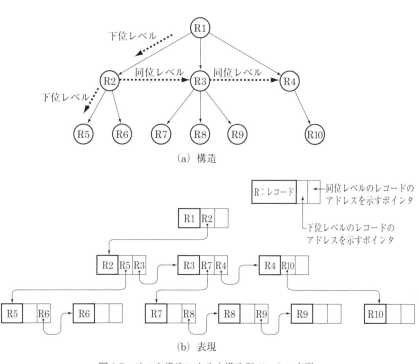

(b) 表現

図 6.7　リスト構造による木構造型データの表現

6.1　データの構造

6.1.5 網目(Network)構造

網目構造はネットワーク構造とも呼ばれ,レコードが網目のようにつながった構造をもち,接続先のレコードのアドレスを示す複数のポインタを用いたリスト構造によって表現される。図 6.8 にリスト構造による網目構造型データの表現例を示す。同図 (a) の網目構造を同図 (b) で表現している。

6.2 ファイル

ファイルとは,使用する目的に合わせてデータを集め,整理したものであり,コンピュータで扱うファイルは,補助記憶装置などに記憶され,使用される。

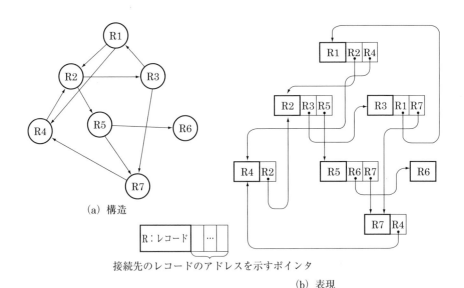

図 6.8 リスト構造による網目構造型データの表現

6.2.1 ファイルの構成

図6.9に一覧表のデータを扱うファイル構成例を示す。

(1) 項目（フィールド）

ファイル内で1つのデータ単位として扱う項目で，フィールドとも呼ばれる。「受験番号」，「性別」，「成績」が項目にあたる。

(2) 論理レコード

単にレコードとも呼ばれ，1件分や1人分のデータをまとめたものである。「A1，男，85」，「A2，女，70」などがレコードにあたる。プログラムでは，このレコード単位でデータの読み書きを行う。

(3) 物理レコード

ブロックとも呼ばれ，数個の論理レコードをまとめたものである。物理レコード単位で補助記憶装置などの装置に対して読み書きを行う。論理レコードをまとめて扱うことをブロック化といい，まとめられる論理レコード数を**ブロック化係数**という。

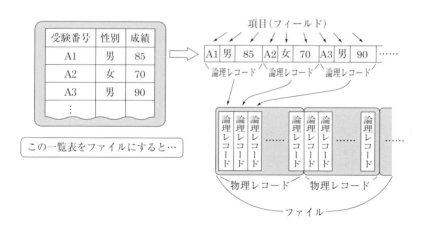

図6.9 ファイルの構成

6.2 ファイル

6.2.2 レコードの形式

すべてのレコード領域の大きさを同じにしたレコードを**固定長レコード**と呼ぶ。扱いやすい反面，項目数が少ないレコードであっても，定められたレコード領域を費やしてしまう。これに対して，レコードの大きさに合せてレコード領域を変化させたレコードを**可変長（不定長）レコード**と呼ぶ。

6.2.3 ファイルの分類

(1) 用途による分類

①マスタファイル：基本ファイルとも呼ばれ，主となるファイルである。やや長期的に保存されることが多い。

②トランザクションファイル：マスタファイルのデータを更新するために使用されるファイルであり，更新データはトランザクションファイルを介して，マスタファイルへと伝えられる。使用後は保存する必要はない。

③ワークファイル：作業用ファイルとかスクラッチファイルとも呼ばれ，処理の途中で作業用として用いられ，保存はされない。

(2) ボリュームによる分類

磁気テープ1巻，磁気ディスク1パックなどの物理的に分けられる記憶媒体の単位をボリュームと呼び，1つのボリュームによって構成されるファイルをシングルボリュームファイル，複数のボリュームによって構成されるファイルをマルチボリュームファイルと呼ぶ。

(3) 編成法による分類

①順編成ファイル（sequential file）：記憶した順にレコードが並ぶファイルを順編成ファイルと呼び，次の特徴をもつ。

- 記憶領域の無駄がなく，大容量のファイルに適している。
- 連続してレコードを読み出す場合（順次処理）の処理時間が短い。
- ファイル内にレコードを挿入する場合は，全レコードを別のファイルにコ

ピーして，再び編成し直す必要がある。
- ファイル内の途中のレコードを読み出す場合でも，ファイルの先頭より探す必要がある。
- 磁気テープを用いた場合は，すべて順編成ファイルとなる（磁気ディスクで順編成ファイルをつくることも可能）。

② 直接編成ファイル（direct access file）：レコード内のある項目をキー項目として，そのキー項目の値によってレコードの相対アドレス（ファイルの先頭のレコードより数えて何番目か）を認識し，レコードの読み書きを行うファイルで，次の特徴をもつ。
- 任意のレコードに対しての読み書き（ランダムアクセス）ができる。
- キー項目の順にレコードが記憶されているとはかぎらないので，順次処理を行う場合には，効率が悪くなる。
- 磁気テープを使用することはできない。

　なお，直接編成ファイルにおけるキー項目をレコードの相対アドレスに変換する方式には，直接アドレス方式と間接アドレス方式がある。

直接アドレス方式：レコードの相対アドレスを直接キー項目の値で表す。キー項目の値が1から順番に並んでいる場合は，記憶効率がよいが，そうでない場合は，未使用の無駄な領域が生じる。

間接アドレス方式：キー項目にある種の演算を施して求めた値を相対レコードアドレスとする方式である。直接アドレス方式を用いた場合，無駄領域が多くなるときに有効な方式であり，除算法，重合せ法，基数変換法などの**ハッシュ法**と呼ばれる方式が用いられる。

③ 索引順編成ファイル（indexed sequential organization file）：順編成ファイルに索引を設け，レコードの追加やランダムアクセスを可能としたファイルであり，索引域，基本域，あふれ域によって構成される。

索引（インデックス）域：索引にはトラック領域，シリンダ領域，マスタ領域が用いられる（4.1.2項「磁気ディスク（HDD）」参照）。

基本（プライム）域：レコード本体が記憶される領域で，レコードはキー項

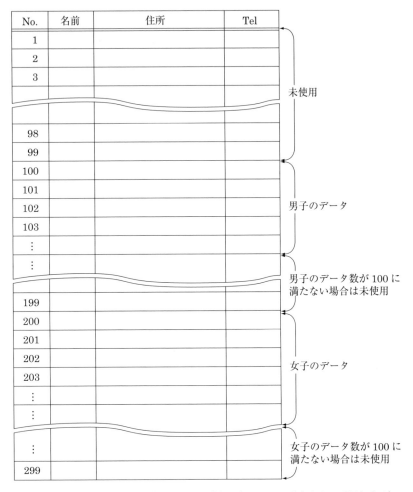

図 6.10 直接アドレス方式（男子は 100 番台，女子は 200 番台をキー項目とする）

表 6.2 索引

トラック領域	トラックの最後に記憶されているレコードのキー項目を使う。
シリンダ領域	シリンダの最後に記憶されているレコードのキー項目を使う。
マスタ領域	シリンダ領域が大きくなりすぎて記憶領域が不足する場合に，数シリンダをブロックとし，そのブロックの最後に記憶されているレコードのキー項目を使う。

目の順に並べられる。

あふれ（オーバフロー）域：レコードを追加する際にあふれたレコードを記憶する領域である。

図 6.11 に索引順編成ファイルの概念図，図 6.12 に読出し例を示す。この例ではキー項目の値が 175 のレコードを読み出す手順を示しており，マスタ索引からシリンダ索引，トラック索引へと順に範囲を絞り込んでいき，目的のキー項目 175 のレコードを読み出している。

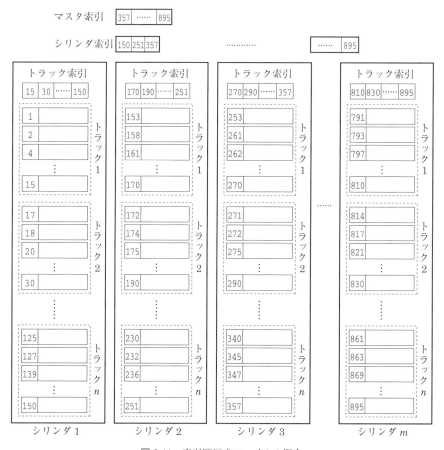

図 6.11　索引順編成ファイルの概念

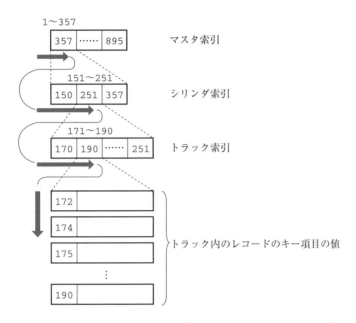

図 6.12　図 6.11 において，キー項目の値が 175 のレコードを読み出す手順

6.3　データのチェック，分類，併合，更新

　図 6.13 に示す一覧表を例にして，データチェックおよび分類，併合，更新の方法について説明を行う。

　① 形式チェック：ファイルの項目のデータ形式をチェックする（名前の項目に文字以外のデータが入っていないか，受験番号の項目に数字以外のデータが入っていないかを調べる）。

　② 限界チェック：項目の値が下限値と上限値との間にあることをチェックする（テストの点数がマイナスになっていたり，100 点を超えていたりしないかを調べる）。

　③ 妥当性チェック：項目の値があらかじめ定められた値に該当していることをチェックする（性別コードが 1 または 2 であることを調べる）。

受験番号	名前	性別	国	数	英	理	社	総合点
1	アリマ	1	80	90	83	65	75	393
2	イトウ	2	40	50	73	80	67	310
3	ウチダ	2	75	75	65	92	58	365
899	ヤマダ	1	48	50	60	75	92	325
900	ワタナベ	1	75	80	70	83	80	388
科目合計点			48,740	45,325	35,983	50,420	37,585	218,053

1：男
2：女

図6.13　一覧表の例

④順序チェック：定められた順番にデータが並んでいることをチェックする(受験番号が昇順(小さい順)になっていることを調べる)。

⑤バランスチェック：異なる方法で求めた一致すべき2つの値をチェックする(男子数と女子数の合計を求め,受験者数と等しいことを調べる)。

⑥クロストータルチェック：横の計と縦の計が等しいことを調べる(科目合計点の和と総合点の和を比較する)。

⑦バッチトータルチェック：手計算によって求めた合計値を入力し,計算機によって求めた値と比較する。

⑧冗長符号チェック：**リダンダンシーチェック**とも呼ばれ,ある規則に基づき特別な符号をデータに付加し,その符号をもとにデータの誤りをチェックする方法である。代表的なものに**パリティチェック**や**ハミングコードチェック**がある。パリティチェックは,奇偶検査とも呼ばれ,2進数のデータをチェックする方法である。この方法では1つの2進データに対して1ビットの余分なビット(冗長ビット)を検査ビットとして付加する。検査ビットを含むビット中の'1'の総数が奇数となるように検査ビットの値を定めるものを**奇数パリティ**,'1'の総数が偶数になるように検査ビットの値を定めるものを**偶数パリティ**と呼ぶ(図6.14)。

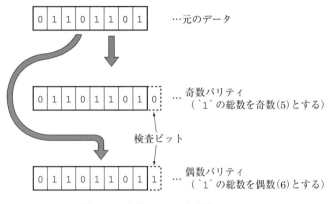

図 6.14　奇数パリティと偶数パリティ

⑨分類，併合：項目の値が昇順（小さい順）または降順（大きい順）となるようにレコードを並べ換えることを**分類**（ソート：sort）といい，複数のファイルよりレコードを取り出し，1つのファイルにまとめることを**併合**（マージ：merge）という（分類は整列ともいう）。分類と併合は一緒に行われることが多い（図 6.15）。

⑩更新：トランザクションファイルに記憶された更新データを用いて，マスタファイルのレコードの修正，追加，削除を行うことを**更新**（アップデート：update）という。

Aグループ

受験番号	名前	点数
A1	アオキ	60
A2	イシイ	75
A3	ウチダ	93
A4	エガワ	57
A5	オオタ	84

Bグループ

受験番号	名前	点数
B1	アイザワ	85
B2	イイヅカ	67
B3	ウエダ	54
B4	エナミ	98
B5	オオヌマ	70

Cグループ

受験番号	名前	点数
C1	アキタ	58
C2	イトウ	75
C3	ウチノ	92
C4	エド	84
C5	オガワ	80

点数の降順に分類 ↓

受験番号	名前	点数
A3	ウチダ	93
A5	オオタ	84
A2	イシイ	75
A1	アオキ	60
A4	エガワ	57

点数の降順に分類 ↓

受験番号	名前	点数
B4	エナミ	98
B1	アイザワ	85
B5	オオヌマ	70
B2	イイヅカ	67
B3	ウエダ	54

点数の降順に分類 ↓

受験番号	名前	点数
C3	ウチノ	92
C4	エド	84
C5	オガワ	80
C2	イトウ	75
C1	アキタ	58

併合

併合   併合

受験番号	名前	点数
B4	エナミ	98
A3	ウチダ	93
C3	ウチノ	92
B1	アイザワ	85
A5	オオタ	84
C4	エド	84
C5	オガワ	80
A2	イシイ	75
C2	イトウ	75
B5	オオヌマ	70
B2	イイヅカ	67
A1	アオキ	60
C1	アキタ	58
A4	エガワ	57
B3	ウエダ	54

図 6.15 分類, 併合

6.4 データベース

6.4.1 データベースとは

データベースは，さまざまなプログラムで共通に使えることと，プログラムからのデータの独立を目標につくられたファイルであり，以下のマスタファイルの問題点を解消するものである．

- マスタファイルのデータの変更があった場合は，そのデータを含むほかのすべてのマスタファイルを更新しなければならない．
- マスタファイルの形式を変更した場合は，そのファイルを扱うすべてのプログラムを変更しなければならない．

6.4.2 データベースの種類

代表的なデータベースの種類とその特徴を表 6.3 に示す．

表 6.3　代表的なデータベースの種類とその特徴

データベースの構造	特　徴
木構造 （階層構造）	IBM 社の IMS（information management system）型が代表的で，記憶装置上での表現とプログラムでの取扱いが容易である．
網目構造 （ネットワーク構造）	CODASYL（conference on data system language）型が代表的で，木構造型に比べて自由度が高く，データの検索も容易である． ポインタの数が多くなり，扱いが複雑となる．
リレーショナル構造 （関係形式）	1970 年に IBM 社より提案されたリレーショナル（関係）データモデルに基づき，行と列からなる 2 次元の表でデータを表す． 代表的なものに SQL（structured query language）型がある． データの検索が容易であるが，大規模になると効率が悪くなる．

6.4.3 DBMS (data base management system)

DBMS は，データベース管理システムとして，利用者に代わってデータベースの管理・運用を行うシステムであり，通常のファイルにおけるデータ管理プログラムに相当するものである。

データベース用言語には，データ定義言語（data definition language：DDL），データ操作言語（data manipulation language：DML），会話型問合せ言語（structured query language：SQL）などがある。

◆◆◆ 演習問題 ◆◆◆

[1] スタック（LIFO）とキュー（FIFO）について，類似点と相違点について述べよ。
[2] データの構造に関する次の説明に最も関連の深い字句を解答群より選び，記号で答えよ。
① 各要素に付けられた添字と呼ばれる番号によって扱う。
② 任意の位置の要素を取り出すことはできず，格納した順に取り出すことしかできない。
③ 任意の位置の要素を取り出すことはできず，格納したときは逆の順に取り出すことしかできない。
④ リスト構造によって上位レベルから下位レベルに枝分かれするように要素を結びつけた構造をもつ。
⑤ リスト構造によって要素が網目状に結びつけられた構造をもつ。

＜解答群＞
ア：木構造　イ：ネットワーク構造　ウ：スタック構造　エ：キュー構造　オ：配列

[3] 算術式の表現に関する次の記述を読んで，設問に答えよ。

4種類の2項演算子（" ＋ "，" － "，" × "，" ÷ "）と被演算数，および括弧から構成される算術式を2分木で表現することを考える。

2分木とは，根から枝が2本に分岐して，ほかの節に伸びていき，末端の葉に達して終わるような構造である。枝につながる節が末端でないとき（つまり葉でないとき），その節の根にする木を部分木と呼ぶ。

算術式は1つの演算子と2つの被演算数をもとにして構成されるので，節には演算子を，葉には被演算数を当てはめることができ，さらにこの算術式を部分木として複雑な算術式を表現することができる。

根および節を○で，葉を□で表し，その間を結んだ直線を枝とすると，A＋Bは図 (a) のように，(A＋B)×(C－D) は図 (b) のように表現される。

なお，演算子の優先順位は一般の四則演算のように，"×"と"÷"が，"＋"と"－"より高く，括弧内の算術式のほうが，括弧外の算術式より高い。

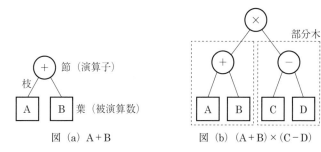

図 (a) A＋B　　　　図 (b) (A＋B)×(C－D)

<設問>

①～③の2分木が表す算術式を解答群の中から選び，記号で答えよ。

<解答群>

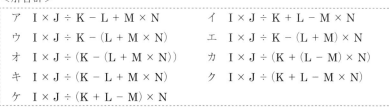

ア　I×J÷K－L＋M×N　　　イ　I×J÷K＋L－M×N
ウ　I×J÷K－(L＋M×N)　　エ　I×J÷K－(L＋M)×N
オ　I×J÷(K－(L＋M×N))　カ　I×J÷(K＋(L－M)×N)
キ　I×J÷(K－L＋M×N)　　ク　I×J÷(K＋L－M×N)
ケ　I×J÷(K＋L－M)×N

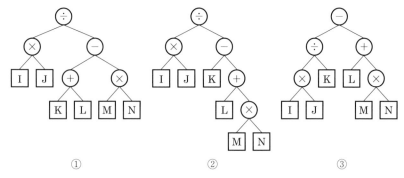

①　　　　　　　　　　②　　　　　　　　　　③

[4] 次に示す順序でスタックのデータを読み書きした。
　1 を PUSH → 3 を PUSH → 5 を PUSH → 1 回 POP → 7 を PUSH
　→ 9 を PUSH → 1 回 POP → 4 を PUSH → 2 を PUSH → 1 を PUSH → 2 回 POP
　① スタックに残っている有効なデータ数はいくつか。
　② これらのデータは，どのような順序で読み出されるか。

[5] 16 ビットのデータに検査ビットとして奇数パリティを付加したい。次の①～④のそれぞれに付加すべきパリティビットの値を答えよ。
　①（0110 1110 1011 0111）$_2$
　②（1010 1010 1010 1010）$_2$
　③（4FC3）$_{16}$
　④（2D5C）$_{16}$

[6] コンピュータシステムへのデータ入力時の検査（チェック）に関する次の設問に答えよ。

<設問>
　情報処理システムにおいては，発生した事実を正確にコンピュータシステムへ入力できるように最大限の努力をする必要がある。そのための手段として検査システムが，業務の特質や，データの発生場所，量，入力媒体に応じて考えられている。
　いま商品の売上・請求業務において，日々 500～700 件を次図のフォーマットで入力するとき，①～④のような検査が考えられるが，おのおのと最も関係の深い字句を解答群の中から選び，記号で答えよ。
　① 15 桁目がマイナス（-）またはブランクであるかどうかの検査をしている。
　② 顧客コードの第 1 桁目は地区を意味し，以降，地区ごとに"001"からの連番となっている。現在，地区の数は 5 であり，1 地区で最も多い顧客数は 300 であるので，顧客コードの 1 桁目が"1"～"5"，2～4 桁目が"001"～"300"であるかどうかの検査をしている。
　③ 商品コードの 1 桁目から 3 桁目までの数値にそれぞれ 1, 2, 1 を掛け，それらを合計した結果の 1 桁目の数が，商品コードの 4 桁目となっているかどうかの検査をしている。
　④ 16 桁目から 80 桁目まで，すべてブランクであるかどうかの検査をしている。

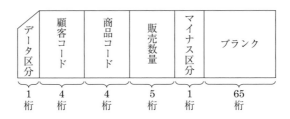

<解答群>
ア：限界（リミット）検査　　イ：検査数字（チェックディジット）検査
ウ：値（バリュー）検査　　　エ：形式（フォーマット）検査

第7章 論理回路

論理回路とは，1（Hレベル）と0（Lレベル）の2つの状態によって機能する回路であり，コンピュータのハードウェアのほとんどは，論理回路によって構成されている。本章では，基本論理回路と論理の表現方法について解説する。

7.1 論理回路の表現

図 7.1 に基本論理回路（AND，OR，NOT）を示す。以下，順次説明をする。

7.1.1 MIL 記号

論理回路の図記号（シンボル）は，JIS でも定められているが，ここでは最も一般的に用いられている **MIL**（military standard，米国国防総省の標準規格）記号を用いる。論理回路では基本的に左側を入力，右側を出力として図示する。

7.1.2 真理値表

論理回路のすべての入力状態の組合せに対する出力状態の対応を表で示す。

	NOT（否定）	AND（論理積）	OR（論理和）
MIL 記号	A ─▷○─ X	A,B ─D─ X	A,B ─D─ X
真理値表	入力 A / 出力 X 0 / 1 1 / 0	入力 A B / 出力 X 0 0 / 0 0 1 / 0 1 0 / 0 1 1 / 1	入力 A B / 出力 X 0 0 / 0 0 1 / 1 1 0 / 1 1 1 / 1
論理式	$X = \overline{A}$	$X = A \cdot B$	$X = A + B$
意味	入力状態の否定が出力状態となる。	すべての入力状態が1のとき出力状態は1となる。 入力状態に0が1つでもあれば，出力状態は0となる。	入力状態に1が1つでもあれば，出力状態は1となる。 すべての入力状態が0のとき出力状態は0となる。

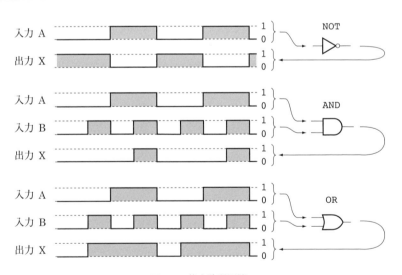

図 7.1　基本論理回路

7.1.3 論理式

論理を式で表したもので，NOT は ¯ (バー)，AND は・(アンド)，OR は + (オア) で示す。AND は∧，OR は∨と示されることもある。

7.1.4 タイミングチャート

タイミングチャートは，入力状態の時間的変化に対応する出力状態を図示したものである。

7.2 基本論理回路

7.2.1 NOT (否定)

NOT はインバータとも呼ばれ，入力に与えられた状態を反転させて出力する。図 7.1 の真理値表からもわかるように，入力が 0 のとき出力は 1 となり，入力が 1 のとき出力は 0 となる。入出力の状態を表す論理式は $X = \overline{A}$ で表される (¯ は「バー」と読む)。

図 7.2 にトランジスタにより構成された NOT の回路動作を示す。

7.2.2 AND (論理積)，NAND

図 7.1 に示すように，AND は，すべての入力状態が 1 のときのみ出力状態を 1 とする。入力状態に 1 つでも 0 があれば，出力は 0 となる。

図 7.3 に，ダイオードによって構成される 2 入力 AND を示す。A，B の一方，または両方が L レベルのとき，ダイオードが導通し，X の電位は L レベルとなる。A，B の両方が H レベルのときは，ダイオードは 2 つとも非導通のため，X

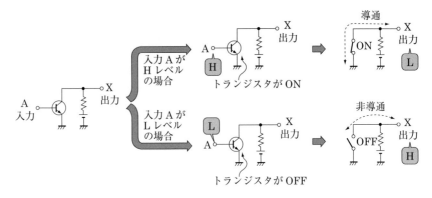

図 7.2 NOT の回路動作

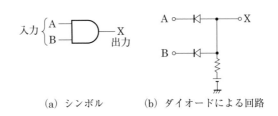

(a) シンボル　　(b) ダイオードによる回路

図 7.3　2 入力 AND の機能

の電位は H レベルとなる。

図 7.4 に NAND の機能を示す。NAND は論理的には AND＋NOT のことであり，AND の出力をさらに NOT に入力したときと同じ機能をもつ。論理式は，$X = \overline{A \cdot B}$ で表され，すべての入力が 1 のときのみ出力は 0 となる。

NAND のシンボルの出力部に示されている○印は，NOT（否定）の意味をもち，論理回路図において出力部以外に入力部についても用いることができる。たとえば図 7.5（a）中の○印も NOT と同じ働きをもち，同図（b）のように考えることができる。

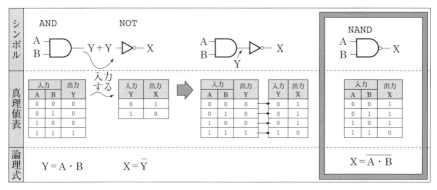

図 7.4　2 入力 NAND の機能

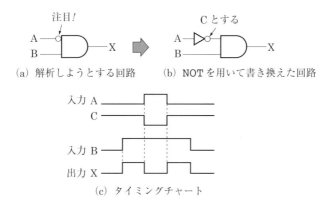

図 7.5　否定記号を用いた論理回路の解析例

7.2.3　OR（論理和），NOR

図 7.1 に示すように，OR は，入力状態に 1 つでも 1 があれば出力状態を 1 とする。入力状態のすべてが 0 のときのみ出力状態は 0 となる。

図 7.6 にダイオードによって構成される 2 入力 OR を示す。NOR についても，NAND の場合と同様に OR + NOT の機能をもつ。論理式は $X = \overline{A + B}$ で示される（図 7.7）。

7.2　基本論理回路

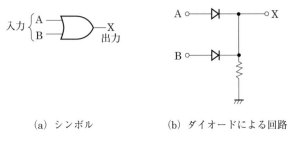

(a) シンボル　　　　　　(b) ダイオードによる回路

図 7.6　2 入力 OR の機能

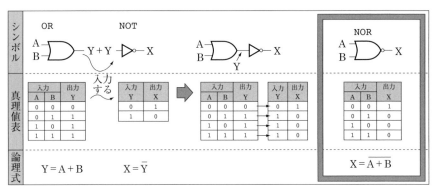

図 7.7　2 入力 NOR の機能

7.2.4　EXOR（排他的論理和），EXNOR

　EXOR とは「イクスクルーシブ・オア」と読む。図 7.8 に EXOR のシンボルと真理値表とタイミングチャートの例を示す。論理式は $X = A \oplus B$ または $X = A \veebar B$ で表される。

　図 7.9 に NOT，AND，OR を用いて構成した EXOR 回路を示す。

　図 7.10 に EXNOR のシンボルと真理値表を示す。論理式は，$X = \overline{A \oplus B}$ で表される。

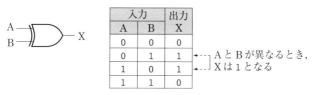

(a) シンボル　　　　　　(b) 真理値表

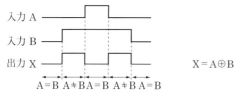

(c) タイミングチャートの例　　　(d) 論理式

$X = A \oplus B$

図 7.8　EXOR

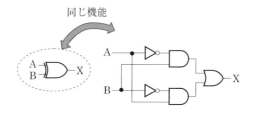

図 7.9　NOT, AND, OR で構成した EXOR

(a) シンボル　　　(b) 真理値表　　　(c) 論理式

$X = \overline{A \oplus B}$

図 7.10　EXNOR

◆◆◆ 演習問題 ◆◆◆

[1] 次の2つの回路がまったく同じ機能をもつことについて真理値表を用いて説明せよ。

[2] 次の2つの回路が同じ機能をもつことについてタイミングチャートを用いて説明せよ。

[3] 次の①，②の回路についてそれぞれ真理値表とタイミングチャートを完成せよ。また論理式で示せ。

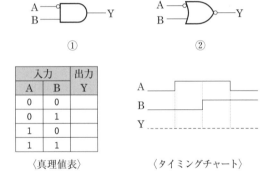

入力		出力
A	B	Y
0	0	
0	1	
1	0	
1	1	

〈真理値表〉　　〈タイミングチャート〉

[4] 次の回路について，真理値表とタイミングチャートを完成せよ。

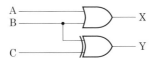

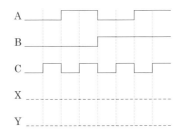

入力			出力	
A	B	C	X	Y
0	0	0		
0	0	1		
0	1	0		
0	1	1		
1	0	0		
1	0	1		
1	1	0		
1	1	1		

〈真理値表〉　　　　　　〈タイミングチャート〉

第8章 組合せ回路

　論理回路における組合せ回路は，入力の状態の組合せによって一意的に出力の状態が決定される回路である。7章で取り上げたすべての基本論理回路は組合せ回路である。

　本章では，コンピュータのハードウェア等で用いられる代表的な組合せ回路を示し，その動作について解説する。

8.1　エンコーダとデコーダ

8.1.1　エンコーダ

　エンコーダ（**encoder**）は，信号を符号化（コード化）する組合せ回路である。キーボードのキーや回路に割り当てられた信号を，コード化する用途などに使用される。

　図8.1に **10進－2進**（デシマル－BCD）エンコーダの回路構成を示す。動作例として，10進数の7を2進数に変換する場合を考える。入力7のみにHレベルを与えたときの出力状態は，$2^3 = $L，$2^2 = $H，$2^1 = $H，$2^0 = $H となる。これらの出力の状態を2進数で表すと 0111 であり，10進数7が2進数 0111 に符号化されることがわかる。

8.1.2 デコーダ

デコーダ（**decoder**）は，エンコーダとは逆に符号化された信号を解読する組合せ回路であり，CPU の命令の解読，7 セグメント LED 用信号への変換，周辺回路の選択信号の作成などに使用される。

図 8.2 に **2 進－10 進**（BCD－デシマル）デコーダの回路構成を示す。動作例として，1001 の 2 進数をこの回路に入力した場合を考える。この場合，入力

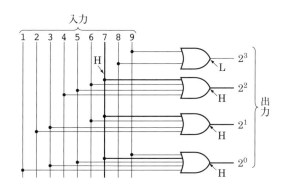

図 8.1　10 進－2 進エンコーダ（10 進の 7 を 2 進数の 0111 に変換した状態を示す）

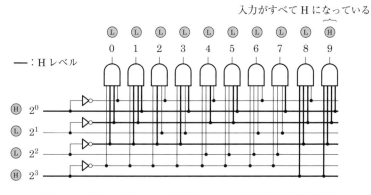

図 8.2　2 進－10 進デコーダ（入力に 1001 を与えた状態を示す）

がすべて H になっている AND 回路は，出力 9 をもつ AND 回路のみである．したがって，2 進数 1001 が 10 進数 9 に変換されることがわかる．

8.2　マルチプレクサとデマルチプレクサ

8.2.1　マルチプレクサ

　マルチプレクサ（**multiplexer**）は，データセレクタとも呼ばれ，複数の入力より出力を選択する機能をもつ．入力の選択は，選択信号によって指定する．図 8.3 (a) にマルチプレクサの原理図を示す．

　図 8.4 に 4 入力マルチプレクサの図記号と真理値表を示す．選択信号 A，B の状態の組合せによって，データ入力信号 $D_0 \sim D_3$ のうちから出力 F に伝達するデータを決定する．

8.2.2　デマルチプレクサ

　デマルチプレクサ（**demultiplexer**）は，マルチプレクサとは逆に 1 つの入力と複数の出力をもち，出力位置の選択を選択信号によって決定する．図 8.3 (b) にデマルチプレクサの原理図を示す．図 8.5 に 4 出力デマルチプレクサを示す．

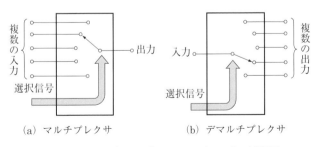

図 8.3　マルチプレクサとデマルチプレクサの原理図

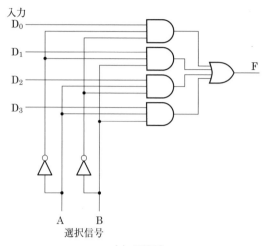

(a) 回路図

選択信号		出力
A	B	F
0	0	D_0
0	1	D_1
1	0	D_2
1	1	D_3

(b) 真理値表

図 8.4　4 入力マルチプレクサ

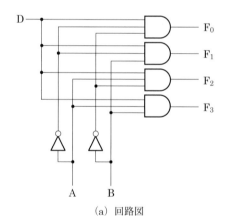

(a) 回路図

選択信号		出力			
A	B	F_0	F_1	F_2	F_3
0	0	D	0	0	0
0	1	0	D	0	0
1	0	0	0	D	0
1	1	0	0	0	D

(b) 真理値表

図 8.5　4 出力デマルチプレクサ

8.3 加算器

8.3.1 半加算器

半加算器（half adder）とは，1桁の2進数の加算を行う組合せ回路である。1桁の2進数の加算結果は，桁上りを含めて2個の出力が必要となる。図8.6に半加算器を示す。論理回路図より出力 Σ は入力AとBのEXOR，桁上り出力 C_o（carry out）は入力AとBのANDであることがわかる。また，真理値表より，入力AとBの加算結果が出力 Σ および桁上り出力 C_o に出力されることがわかる。

8.3.2 全加算器

2桁以上の2進数の加算を行うには，全加算器（full adder）を用いる。前の桁からの桁上りの入力を含めて3個の入力が必要となる。全加算器は，半加算器2個と，OR回路1個によって構成され，入力AとBに加えて前の桁からの**桁上り入力** C_i（carry in）をもち，出力 Σ と次の桁への桁上がり出力 C_o をもつ（図8.7）。

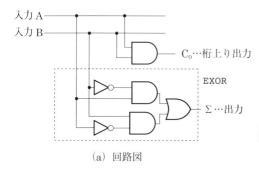

図8.6　半加算器

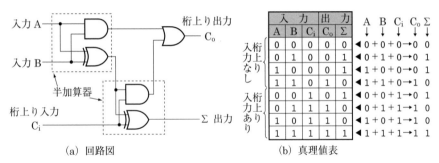

図 8.7 全加算器

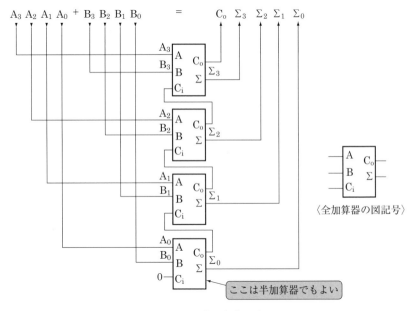

図 8.8 4 桁の加算回路

8.3.3 2 進数の加算

図 8.8 に示すように，加算可能な桁数を増やすには，全加算器を多段接続する。この場合，1 番下の桁は，前の桁からの桁上りが不要なので，桁上り入力を 0 に固定するか半加算器を使用する。

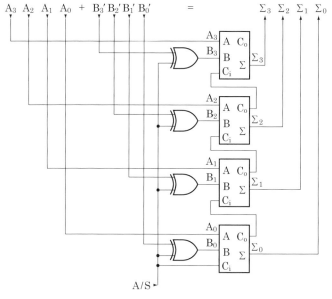

図 8.9　4 桁の加減算回路

8.3.4　加減算器

図 8.9 に加減算器を示す。制御信号 A/S が 0 のときは加算を行い，A/S が 1 のときは，$A_3A_2A_1A_0 - B_3'B_2'B_1'B_0'$ の減算を行う。A/S が 0 のときは，4 個の EXOR は信号 $B_3' \sim B_0'$ をそのまま出力し，また最下位の桁の桁上り入力も 0 となるので，図 8.8 の加算回路と同様に働く。A/S が 1 のときは，4 個の EXOR は信号 $B_3' \sim B_0'$ のそれぞれの否定を出力し，最下位の桁上り入力 C_i を 1 にするので，$B_3' \sim B_0'$ は 2 の補数（マイナス 1 を乗じた値）として加算され，減算が行われる。

◆◆◆ 演習問題 ◆◆◆

[1] 図に示す論理回路の動作を解析し，真理値表を作成せよ。また，この回路は何と呼ばれる回路か答えよ。

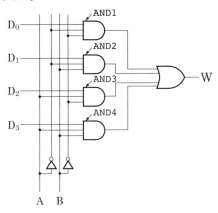

[2] 次の組合せ回路の真理値表を完成せよ。

①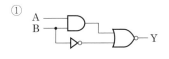

②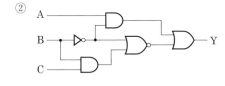

A	B	Y
0	0	
0	1	
1	0	
1	1	

A	B	C	Y
0	0	0	
0	0	1	
0	1	0	
0	1	1	
1	0	0	
1	0	1	
1	1	0	
1	1	1	

[3] 次の論理回路の真理値表とタイミングチャートを完成せよ。

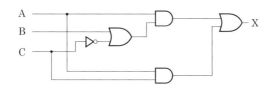

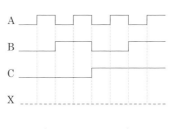

A	B	C	X
0	0	0	
0	0	1	
0	1	0	
0	1	1	
1	0	0	
1	0	1	
1	1	0	
1	1	1	

〈真理値表〉　　　　　　　〈タイミングチャート〉

[4] 次の論理回路のタイミングチャートを完成せよ。

①

②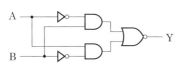

第9章 順序回路

　順序回路は回路の状態を記憶する機能をもち，記憶した状態と入力の状態の組合せによって出力の状態を決定する。そのため，与えた入力の状態が同じであっても，出力の状態が同一とは限らない。本章では，順序回路の基本要素としてラッチとフリップフロップを説明したあと，応用回路としてシフトレジスタとカウンタについて解説を行う。

9.1　順序回路の基本要素

　順序回路は，状態を記憶する機能をもち，その状態と入力状態の組合せに対して，出力状態を決定する。順序回路の基本要素として，ラッチとフリップフロップがある。

9.1.1　ラッチ

　データを保持（ラッチ）するための回路で，主なものに **R・S ラッチ**，**D ラッチ**がある。図 9.1 に R・S ラッチを示す。

　R・S ラッチは，**非同期式 R・S フリップフロップ**とも呼ばれる。順序回路では，組合せ回路における真理値表では表現できない動作もあるため，機能表が用いられる。セット入力 S とリセット入力 R をもち，入力 SR = 01 ではリセット（出

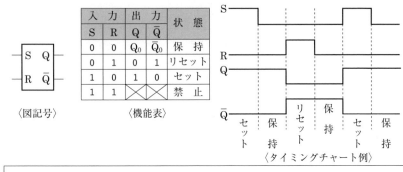

図 9.1　R・S ラッチ

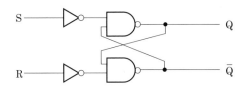

図 9.2　NOT と NAND による R・S ラッチ

力 Q を 0)，SR = 10 ではセット（出力 Q を 1）にする。SR = 00 のときは，保持（Q = Q$_0$。出力の変化なし）となる。SR = 11 の入力状態は使用しない（禁止状態という）。機能表における出力 $\overline{Q}$ は，出力 Q の NOT を意味する。図 9.2 に NOT と NAND により構成した R・S ラッチを示す。

　図 9.3 に D ラッチを示す。D はデータ入力，G は制御信号であり，G = 1 のときは入力 D に与えられた状態を出力 Q に出力する。G = 0 になった時点の D の状態は保持され，G = 0 の間は，D が変化しても Q は保持しつづける。

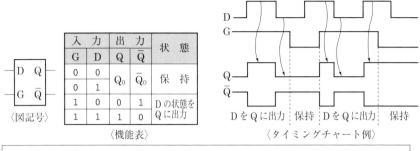

- 主にデータを保持する用途に使用される。
- 入力GはGATE（ゲート）信号と呼ばれる制御信号で、G＝1のときに入力Dの状態を出力Qに伝え、G＝0のときは出力データを保持する。
- 入力G＝0のときは入力Dが変化しても出力データは保持される。

図9.3　Dラッチ

9.1.2　フリップフロップ

フリップフロップは**クロック**と呼ばれる動作タイミングを取るための入力をもち、クロックが変化した時点での入力信号を内部に取り込み、動作する。クロックが0から1へ変化することを、クロックが立ち上がるといい、クロックが1から0へ変化することを、クロックが立ち下がるという。クロックの立上りで動作するフリップフロップを**ポジティブエッジ型**、クロックの立下りで動作するフリップフロップを**ネガティブエッジ型**と呼ぶ。代表的なフリップフロップには、リセット、セットを行う **R・S**（reset set）**型**（図9.4）、データを取り込む **D**（delay）**型**（図9.5）、データの反転を行う **T**（toggle）**型**（図9.6）、R・S型にTの機能を加えた **J・K型**（図9.7）のフリップフロップがある。

例として図9.4について解説する。このフリップフロップは、ポジティブエッジ型R・Sフリップフロップであり、クロックCKの立上り時の入力SとRの状態に応じて出力状態が決定される。クロックの立上り時以外は、入力状態を受け付けずに出力状態は保持される。タイミングチャート中の不定の状態は、まだクロックの立上りが1回もなく、出力状態が定まらない状態を示している。

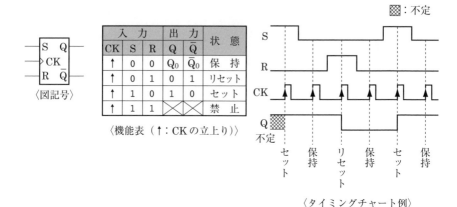

図 9.4　R・S フリップフロップ

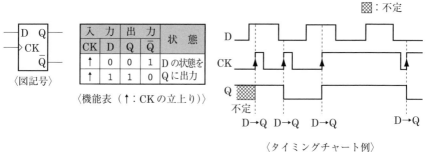

図 9.5　D フリップフロップ

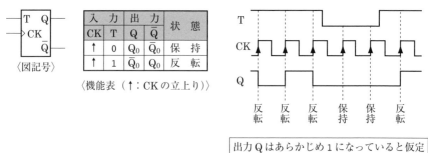

図 9.6　T フリップフロップ

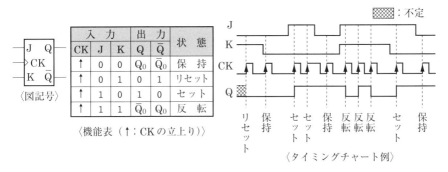

図 9.7　J・K フリップフロップ

9.2　順序回路の応用

9.2.1　レジスタ

レジスタ(**register**)はデータを蓄える回路である。図 9.8 に D フリップフロップにより構成されるネガティブエッジ型の 4 ビットレジスタを示す。あらかじめ $D_3 \sim D_0$ に与えておいたデータを入力クロック ϕ の立下りで各フリップフロップの内部に取り込み，$Q_3 \sim Q_0$ として出力する。

図 9.9 のように D ラッチを用いてレジスタを構成することもできる。この場合は，制御信号 G が 1 のときは，入力 $D_3 \sim D_0$ は出力 $Q_3 \sim Q_0$ へそのまま伝搬され，G が 0 になった時点で出力は保持される。

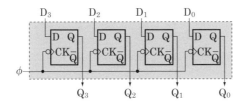

図 9.8　D フリップフロップで構成される 4 ビットレジスタ

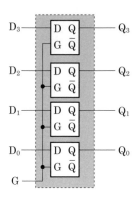

図 9.9 Dラッチで構成される 4 ビットレジスタ

9.2.2 シフトレジスタ

シフトレジスタ（**shift register**）は，レジスタの全ビットデータを隣のレジスタにシフト（移動）させる機能をもつレジスタである．

図 9.10 にネガティブエッジ型の D フリップフロップで構成した 4 ビットのシフトレジスタを示す．クロック ϕ の立下りごとにデータが下位ビットへとシフトする．

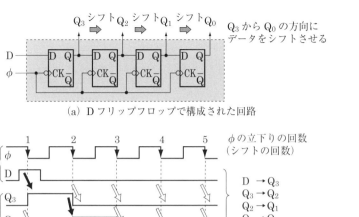

(a) Dフリップフロップで構成された回路

(b) タイミングチャート

図 9.10　4 ビットシフトレジスタ

9.2.3　カウンタ

図 9.11 に 3 ビット UP カウンタ（counter）を，図 9.12 に 3 ビット DOWN カウンタを示す。いずれも 8 回の外部クロックを 1 周期としてカウントするので 8 進カウンタともいう。直列に接続される T フリップフロップの T 入力は，すべて H に固定され，クロックが入力されるたびに出力を反転させる。初段の T フリップフロップは，外部クロック ϕ の立下りごとに出力 A_0 を反転し，2 段目以降の T フリップフロップは，前段の出力をクロックとして動作する。このように前段のフリップフロップの出力を次段のクロックとして用いるカウンタを非同期式カウンタと呼ぶ。

図 9.11（b）のタイミングチャートは初期値 $A_2A_1A_0 = 000$ として動作を説明

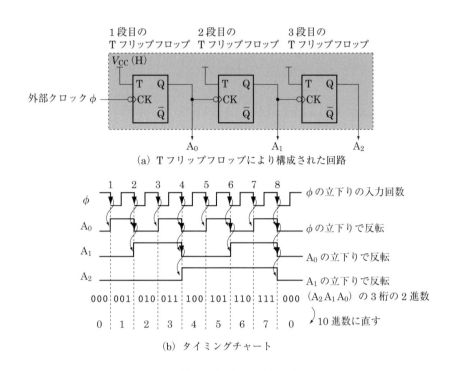

図 9.11　3 ビット UP カウンタ

したものである。A_0 は外部クロック ϕ の立下りごとに 8 回反転する。A_1 は A_0 をクロックとして，A_0 の立下りごとに 4 回の反転を行う。A_2 は A_1 をクロックとして，A_1 の立下りごとに 2 回の反転を行う。A_2, A_1, A_0 のタイミングチャートを 2 進数で示すと，外部クロック ϕ の立下りで 000 → 001 → 010 ⋯⋯ → 110 → 111 → 000 と 0 から 7 までのカウントアップを繰り返すことがわかる。

図 9.12 (b) のタイミングチャートは，初期値 $A_2A_1A_0 = 111$ として動作を説明したものである。A_0 は外部クロック ϕ の立下りごとに 8 回反転する。A_1 は A_0 の否定 $\overline{A_0}$ をクロックとして $\overline{A_0}$ の立下り（A_0 の立上り）ごとに 4 回の反転を行う。A_2 は A_1 の否定 $\overline{A_1}$ をクロックとして，$\overline{A_1}$ の立下り（A_1 の立上り）ごとに 2 回の反転を行う。A_2, A_1, A_0 のタイミングチャートを 2 進数で表すと，

$111 \rightarrow 110 \rightarrow 101 \cdots \rightarrow 001 \rightarrow 000 \rightarrow 111$ と 7 から 0 までのカウントダウンを繰り返すことがわかる。

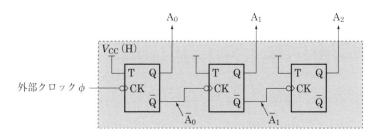

(a) T フリップフロップにより構成された回路

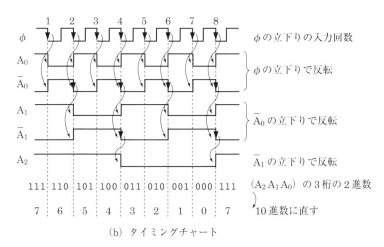

(b) タイミングチャート

図 9.12　3 ビット DOWN カウンタ

◆◆◆ 演習問題 ◆◆◆

[1] 図9.1のR・Sラッチに以下の入力を与えたときのタイミングチャートを完成せよ。

[2] 図9.3のDラッチに以下の入力を与えたときのタイミングチャートを完成せよ。

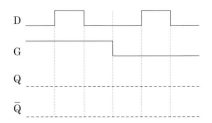

[3] 図9.5のDフリップフロップに以下の入力を与えたときのタイミングチャートを完成せよ。

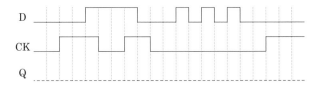

[4] 図 9.6 の T フリップフロップに以下の入力を与えたときのタイミングチャートを完成せよ。ただし、出力 Q は 1 に初期化されているものとする。

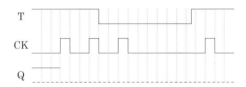

[5] 次の論理回路のタイミングチャートを完成せよ。

①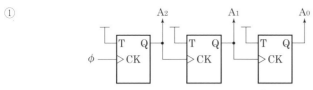

※ A_2, A_1, A_0 の初期値を 0 とする。

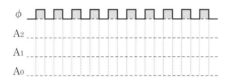

②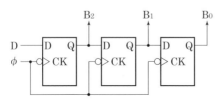

※ B_2, B_1, B_0 の初期値を 0 とする。

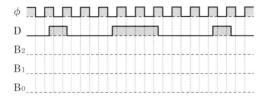

[6] 次に示す回路について答えよ。
  ① この回路の名前を答えよ。
  ② ある状態（状態 A とする）から始めて, ϕ にクロックを入力したとき, 何回のクロックの入力で状態 A に戻るか。
  ③ この回路で用いられている J・K フリップフロップは，あるフリップフロップとして用いられている。その種類を答えよ。

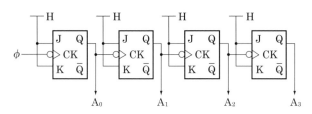

[7] 次に示す回路について答えよ。
  ① この回路の名前を答えよ。
  ② Q に与えたデータを D_0 から出力させるには, ϕ にクロックを何回入力すればよいか。
  ③ この回路で用いられている J・K フリップフロップは，あるフリップフロップとして用いられている。その種類を答えよ。

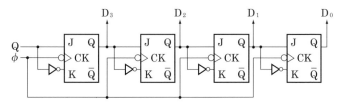

[8] 次に示す 8 進カウンタの初期出力を $Q_0 = 0$, $Q_1 = 0$, $Q_2 = 0$ としてクロック ϕ を 10 回入力したときのタイミングチャートを示せ。

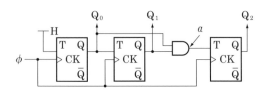

第10章 論理回路の簡単化

　ある機能をもつ論理回路を考えた場合，その構成パターンは無限にある。たとえば1個のNOT回路と3個が縦列に接続されたNOT回路は同一の論理機能を示す。通常はコストや性能の面で，構成要素が少なく無駄のない論理回路が望まれる。本章では，ブール代数とカルノー図を用いて論理回路を簡単化する手法について解説する。電子工作などで活用できる手法なので使いこなせるようにしてほしい。

10.1 ブール代数

10.1.1 ブール代数の主な法則

　ブール代数は，19世紀の数学者ジョージ・ブール（George Boole）によって研究された2値の理論であり，**論理代数**とも呼ばれる。ブール代数の主な法則を図10.1に示す。

法則	式	回路図
交換則	$a \cdot b = b \cdot a$	
	$a + b = b + a$	
分配則	$a \cdot (b + c) = (a \cdot b) + (a \cdot c)$	
	$a + (b \cdot c) = (a + b) \cdot (a + c)$	
吸収則	$a \cdot (a + b) = a$	
	$a + (a \cdot b) = a$	
結合則	$(a \cdot b) \cdot c = a \cdot (b \cdot c)$	
	$(a + b) + c = a + (b + c)$	
ド・モルガンの法則	$\overline{a \cdot b} = \overline{a} + \overline{b}$	
	$\overline{a + b} = \overline{a} \cdot \overline{b}$	
最小化定理	$(a \cdot b) + (a \cdot \overline{b}) = a$	
	$(a + b) \cdot (a + \overline{b}) = a$	

図 10.1　ブール代数の主な法則

10.1.2　ブール代数を用いた簡単化

図 10.1 の吸収則と最小化定理に注目すると，論理を簡単化できることがわかる。

吸収則を用いた簡単化の例を図 10.2 に，最小化定理を用いた簡単化の例を図 10.3 に示す。図 10.2 では，2 入力 AND 1 個，3 入力 AND 1 個，2 入力 OR 1 個の構成を 2 入力 AND 1 個に簡単化している。図 10.3 では，NOT 3 個，3 入力 AND 2 個，2 入力 OR 1 個の構成を NOT 1 個と 2 入力 AND 1 個の構成として簡単化している。

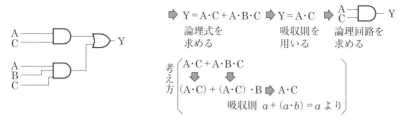

図 10.2　吸収則を用いた簡単化の例

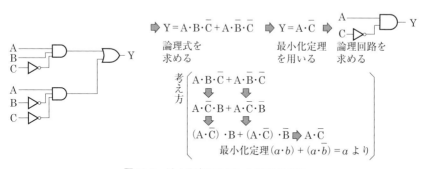

図 10.3　最小化定理を用いた簡単化の例

10.2 カルノー図

10.2.1 カルノー図による表現

論理回路を簡単化する方法には，ブール代数による方法以外に，**カルノー図**を用いる方法がある。

カルノー図は真理値表と同じく，すべての入力状態の組合せに対応する出力の状態を図で表したものである。

図 10.4 に 2 入力の場合を示す。例示した真理値表とカルノー図は同一の論理を示しているので対比してほしい。

図 10.4　2 入力の場合の表現

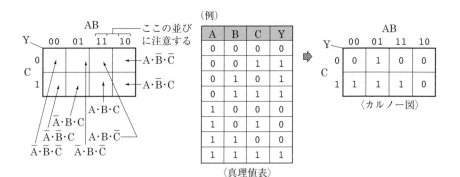

図 10.5　3 入力の場合の表現

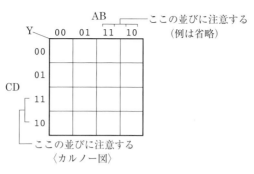

図 10.6　4 入力の場合の表現

図 10.5 に 3 入力の場合を示す。入力 AB の並びが左から 00，01，11，10 となっており，真理値表での並びと異なる点に注意してほしい。このようにカルノー図では，縦，横の入力の並びを，いずれも**ハミング距離**（変化するビットの総数）が最小になるように設定する。つまり 00 が 11，11 が 00，01 が 10，10 が 01 になる 2 ビットが変化する並びにはしない。

図 10.6 に 4 入力の場合を示す。5 入力や 6 入力のカルノー図をつくることもできるが，扱いは複雑となる。

10.2.2　カルノー図を用いた簡単化

以下，カルノー図を用いた論理回路の簡単化手順を示す。ここでは，以下の論理式を例に簡単化する。

$$Y = \overline{A}\cdot\overline{B}\cdot\overline{C} + \overline{A}\cdot\overline{B}\cdot C + A\cdot\overline{B}\cdot\overline{C} + A\cdot\overline{B}\cdot C + A\cdot B\cdot C \quad \cdots\cdots (10.1)$$

＜手順 1 ＞カルノー図の作成

(10.1) 式の AND で結ばれた項のいずれか 1 つでも 1 のとき，出力 Y は 1 になるため，真理値表は図 10.7 となる。

図 10.5 の場合と同様に 3 入力のカルノー図を作成する（図 10.8）。真理値表を作成せずに論理式から直接カルノー図を作成してもかまわない。

A	B	C	Y
0	0	0	1	……$\bar{A}\cdot\bar{B}\cdot\bar{C}$
0	0	1	1	……$\bar{A}\cdot\bar{B}\cdot C$
0	1	0	0
0	1	1	0
1	0	0	1	……$A\cdot\bar{B}\cdot\bar{C}$
1	0	1	1	……$A\cdot\bar{B}\cdot C$
1	1	0	0
1	1	1	1	……$A\cdot B\cdot C$

図 10.7　真理値表

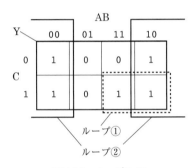

図 10.8　カルノー図

図 10.9　ルーピング

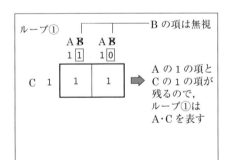

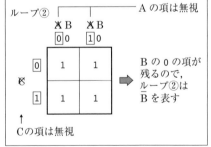

図 10.10　論理式を求める

＜手順2＞ルーピング

カルノー図のマスの中の"1"に注目して，次のルールに従い，ループをつくる（線で囲む）。
- ループは2^n個の"1"のみを含む正方形または長方形とし，なるべく大きなループで囲む。
- 最小のループ数ですべての"1"を囲む。
- ループは重なってもかまわない。
- カルノー図の上下，左右の端はつながっていると考えて，ループをつくる。

上記のルールに従うと図10.9のようにループ①とループ②ができる。

＜手順3＞論理式を求める

各ループにおいて，0と1の両方を含む行または列の項を無視し，0または1の片方しか含まない項を論理積で表す。求めたすべての論理積に対する論理和を求める。図10.10の場合は，$Y = A \cdot C + \overline{B}$となる。

◆◆◆ 演習問題 ◆◆◆

[1] 次の論理回路をブール代数の法則を用いて簡単化せよ。

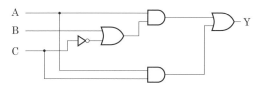

[2] $Y = \overline{A} \cdot B \cdot \overline{C} + \overline{A} \cdot B \cdot C + A \cdot \overline{B} \cdot \overline{C} + A \cdot B \cdot \overline{C} + A \cdot B \cdot C$ をカルノー図を用いて簡単化せよ。

[3] 次の論理式をカルノー図で示せ。
$$Y = \overline{A} \cdot B \cdot C \cdot D + A \cdot \overline{B} \cdot \overline{C} \cdot D + A \cdot B \cdot \overline{C} \cdot \overline{D} + A \cdot B \cdot \overline{C} \cdot D + A \cdot B \cdot C \cdot D$$

[4] カルノー図を用いて，次の論理式を簡単化せよ。
$$Y = \overline{A} \cdot \overline{B} \cdot C \cdot D + \overline{A} \cdot B \cdot \overline{C} \cdot D + A \cdot B \cdot \overline{C} \cdot \overline{D} + A \cdot B \cdot \overline{C} \cdot D$$
$$+ A \cdot \overline{B} \cdot C \cdot \overline{D} + A \cdot \overline{B} \cdot C \cdot D + A \cdot B \cdot C \cdot \overline{D} + A \cdot B \cdot C \cdot D$$

第11章 ディジタルIC

本章では実際に論理回路を実現する基本的な手法として，標準ロジックを取り上げ，TTL IC，標準 CMOS ロジック IC の取扱いについて解説する。また，標準ロジック IC を使ったディジタル回路の構成例を示す。

11.1 標準ロジック IC

11.1.1 TTL と標準 CMOS ロジック

図 11.1 に **TTL**（transistor transistor logic）と標準 **CMOS**（complementary metal oxide semiconductor）ロジックの分類を示す。

(1) TTL

TTL はバイポーラトランジスタで構成されたロジック IC である。低価格，多品種なことから，電子産業界の「ねじ」や「くぎ」の役割を果たすものとして，さまざまな用途で用いられている。

(2) 標準 CMOS ロジック

CMOS トランジスタで構成されたロジック IC である。TTL に比べて静電気

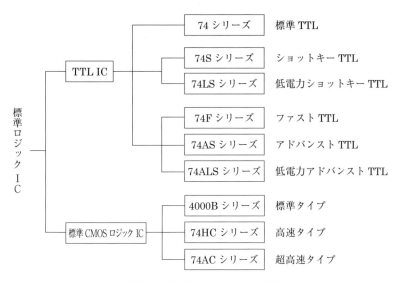

図 11.1 標準ロジック IC の分類

に弱い面があるが，低消費電力であるため，主流の標準ロジック IC として用いられている。

11.1.2 TTL IC

(1) 74 シリーズ

74 シリーズの TTL は，シリーズ化された TTL の中で最も古いタイプのものである。それまで広く用いられていた **DTL**（diode transistor logic）に比べて動作速度が非常に速いため，DTL は TTL に置き換わることになった。74 シリーズの 2 入力 NAND ゲート 7400 の内部構造を図 11.2 に示す。

(2) 74S シリーズ

74S（schottky）シリーズの TTL は，ショットキー・バリア・ダイオード（schottky barrier diode）をトランジスタのコレクタ，ベース間に接続したダイオード・クランプ回路を使用し，高速化を実現した。74S シリーズの 2 入力 NAND ゲート

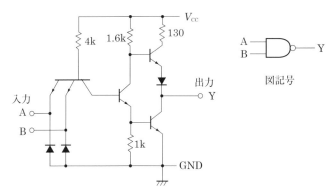

図 11.2　74 シリーズの内部構造（7400：2 入力 NAND ゲート）

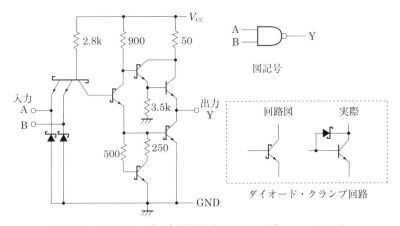

図 11.3　74S シリーズの内部構造（74S00：2 入力 NAND ゲート）

74S00 の内部構造を図 11.3 に示す．

(3) 74LS シリーズ

74LS（low power schottky）シリーズは，74S シリーズの消費電力を下げることを目的に開発され，一般的に使用されている TTL である．

74S シリーズに対する構造上の大きな違いは，図 11.4 に示すように，入力部にマルチエミッタ形のトランジスタを使用せず，ショットキー・バリア・ダイオー

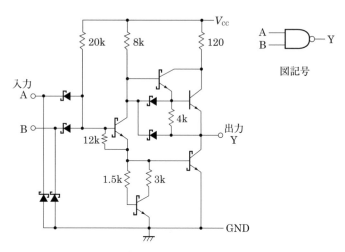

図 11.4　74LS シリーズの内部構造（74LS00：2 入力 NAND ゲート）

ドを使用したことである。

(4) その他のシリーズ

74F シリーズは fast TTL，**74AS** シリーズは advanced schottky TTL，**74ALS** シリーズは advanced low power schottky として 74S シリーズの動作速度，消費電力の改善を目的に開発された。

11.1.3　標準 CMOS ロジック IC

(1) 74HC シリーズ

74HC シリーズは，CMOS としての低消費電力を特徴としつつ，74LS シリーズの動作速度を上回る high speed CMOS として開発された。また，CMOS 特有の問題であるラッチアップ（11.2.3 項「推奨動作条件」参照），静電破壊の対策も施されている。

CMOS による論理回路の構成例を図 11.5 に示す。P 型のトランジスタは入力が L レベルで ON（普通）状態，入力が H レベルで OFF（非導通）状態となり，

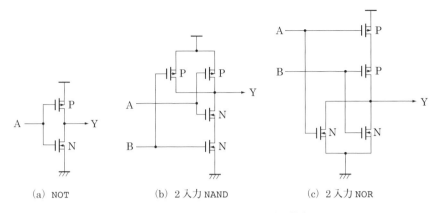

(a) NOT　　　(b) 2入力 NAND　　　(c) 2入力 NOR

図 11.5　CMOS による論理回路の構成

N 型のトランジスタは入力が L レベルで OFF 状態，入力が H レベルで ON 状態となる。P 型のトランジスタと N 型のトランジスタを組み合せることで論理を実現している。

(2) その他のシリーズ

4000B シリーズは，動作速度が遅く，ラッチアップ，静電破壊などにも弱い。しかし，動作電源電圧範囲の上限が 15 V 以上であるため現在も使われることがある。

74AC（advanced CMOS）シリーズは，超高速の標準 CMOS ロジック IC として使われている。

11.2　規格表の見方・使い方

ここでは，TTL IC と標準 CMOS ロジック IC の規格表の例を取り上げ，一般的な規格表の見方について解析する。

11.2.1 型名の見方

(1) メーカー名

図11.6にTTL ICと標準CMOSロジックICの型名の例を示す。図11.6の「AA」部はメーカー名を示す。表11.1にメーカー名の例を示す。

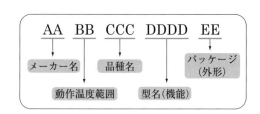

図11.6 型名の見方

表11.1 メーカー名の例

メーカー名	記号
TI（テキサス・インスツルメンツ）	SN
MOT（モトローラ）	MC
東芝	TC
日立	HD
NEC	μPB, μPD
NS（ナショナルセミコンダクタ）	DM, MM
三菱	M

(2) 動作温度範囲

動作温度範囲は，図 11.6 の「BB」部で示される．TTL IC の場合の「74」は，−20〜+75℃，「54」は−55〜+125℃の温度範囲を意味する．CMOS IC の場合の「74」は，−40〜+85℃，「54」は−55〜+125℃の温度範囲を意味する．

(3) 品種名

品種名は図 11.6 の「CCC」部で示される．表 11.2 に TTL IC の品種名，表 11.3 に標準 CMOS ロジック IC の品種名を示す．

(4) 型名（機能）

ロジック IC の機能は，2〜5 桁の数字による型名で表現され，図 11.6 の「DDDD」部で示される．表 11.4 に代表的な論理機能と型名を示す．

(5) パッケージ（外形）

パッケージ（外形）は，図 11.6 の「EE」部で示される．メーカーごとに記号の付け方が異なるので，注意が必要である．

表 11.2　TTL IC の品種名

記　号	品種名
なし	標準 TTL
S	schottky TTL
LS	low power schottky TTL
F	fast TTL
ALS	advanced low power schottky TTL
AS	advanced schottky TTL

表 11.3　標準 CMOS ロジック IC の品種名

記　号	品種名	入力タイプ
HC	高速 CMOS	CMOS 入力
HCT	高速 CMOS	TTL 入力
AC	超高速 CMOS	CMOS 入力
ACT	超高速 CMOS	TTL 入力

表 11.4　代表的な標準ロジック IC の型名

型　名	論理機能
00	2 入力 NAND
02	2 入力 NOR
04	NOT
08	2 入力 AND
32	2 入力 OR
86	EXOR
125	3 ステートバッファ
139	デコーダ（2−4 ライン）
148	エンコーダ（8−3 ライン）
157	マルチプレクサ（2−1 ライン）
75	D ラッチ
74	D フリップフロップ
76	J−K フリップフロップ
90	10 進非同期式カウンタ
160	10 進同期式カウンタ
194	並列出力 4 ビットシフトレジスタ

11.2.2　絶対最大定格

絶対最大定格は，IC の破壊や性能低下を防ぐための定格である。

(1) 電源電圧（V_{CC}）

表 11.5 に電源電圧の絶対最大定格を示す。定格値は GND を基準(0 V)とする。

(2) 入力電圧（V_{IN}）

表 11.6 に入力電圧の絶対最大定格を示す。CMOS IC の場合の最大定格値は V_{CC} の値を基準とする。

(3) 入力電流（I_{IN}, I_{IK}）

表 11.7 に入力電流の絶対最大定格を示す。CMOS IC の場合は**入力保護ダイオード電流**とも呼ばれる。

表 11.5　絶対最大定格（電源電圧）

項　目	記号	定格値	単位
電源電圧（対 GND）	V_{CC}	$-0.5 \sim +7.0$	V

←──TTL IC
　　CMOS IC

表 11.6　絶対最大定格（入力電圧）

項　目	記号	定格値	単位
入力電圧（対 GND）	V_{IN}	$-0.5 \sim +7.0$	V
		$-0.5 \sim V_{CC}+0.5$	

←-----TTL IC
←-----CMOS IC

V_{CC} の値に合わせて変わる．たとえば $V_{CC}=5$ 〔V〕のときは，V_{IN} は $5+0.5$ $=5.5$ 〔V〕以下で用いる．

表 11.7　絶対最大定格（入力電流）

項　目	記号	定格値	単位
入力電流	I_{IN}	$-30 \sim +5.0$	mA
	I_{IK}	± 20	

←-----TTL IC
←-----CMOS IC

(4) 許容損失（P_T, P_D）

表 11.8 に許容損失の絶対最大定格を示す．許容損失とは，許されているすべての動作温度範囲内において，IC の破壊などが生じない消費電力を表す．

表 11.8　絶対最大定格（許容損失）

項　目	記号	定格値	単位
許容損失	P_T	400	mW
	P_D	500	

←-----TTL IC
←-----CMOS IC

(5) 保存温度（t_{stg}）

表 11.9 に保存温度の絶対最大定格を示す．保存温度とは，電源電圧を加えずに長時間放置する場合の，性能の劣化を生じない温度（IC の温度）範囲を示す．

表 11.9 絶対最大定格（保存温度）

項　目	記号	定格値	単位
保存温度	t_{stg}	$-65 \sim +150$	℃

←----- TTL IC / CMOS IC

11.2.3　推奨動作条件

推奨動作条件は，正常な動作を行うために定められた条件である．

(1) 電源電圧（V_{CC}）

正常動作を行う電源電圧の範囲を示す（表 11.10）．

(2) 入力立上り・立下り時間（t_r, t_f）

入力信号の波形が極端になまる（入力立上り・立下り時間が極端に長い）とき，出力が発振し誤動作や消費電力の増大を招くことがある．特に，CMOS IC では，ラッチアップと呼ばれる IC 内部に大電流が流れ続ける原因となり破損する場合がある．このため，図 11.7 に示すように入力立上り・立下りの時間が規定されている．

(3) 動作温度（t_{opr}）

正常な論理動作および電気的特性を満足することができる IC の周辺温度範囲が，動作温度 t_{opr}（T_a）として定められている（表 11.11）．

表 11.10 推奨動作条件（電源電圧）

項　目	記号	最小(min)	標準(TYP)	最大(max)	単位	
電源電圧	V_{CC}	4.5	5.0	5.5	V	← CMOS（HCT シリーズ） ← 54 シリーズ TTL（標準, S, LS） ← 54/74 シリーズ TTL（ALS, AS, F）
		4.75	5.0	5.25		← 74 シリーズ TTL（標準, S, LS）
		2.0	5.0	6.0		← CMOS（HC, AC シリーズ）

項　目	記号	最小	最大	単位	
入力立上り, 立下り時間	t_r t_f	0	45	ns	← ACT
			180		← AC
			500		← HC, HCT

＊V_{CC} = 4.5〔V〕で動作させたとき。

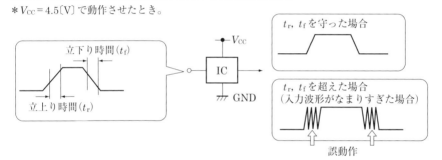

図 11.7　推奨動作条件（入力立上り・立下り時間）

表 11.11　推奨動作条件（動作温度）

項　目	記号	最小	最大	単位	
動作温度	t_{opr} (T_a)	0	+70	℃	←----- TTL 74 シリーズ
		−40	+85		←----- CMOS 74 シリーズ
		−55	+125		←----- TTL, CMOS 54 シリーズ

11.2.4 電気的特性

IC の電気的特性は，推奨動作条件下において保証される．図 11.8 に代表的な電気的特性を示す．

(1) 出力電圧（V_{OH}，V_{OL}）

図 11.9 に示すように V_{OH}（min）は，H レベル出力電圧の最低値を保証し，V_{OL}（max）は，L レベル出力電圧の最大値を保証する．

(2) 入力電圧（V_{IH}，V_{IL}）

IC に与える入力電圧は，V_{IH}（H レベル入力電圧）と V_{IL}（L レベル入力電圧）で規定されている．V_{IH} は最小値 V_{IH}（min）で規定され，IC にとって H レベルと判断できる最小の入力電圧を意味する．すなわち，H レベルを与える場合は，V_{IH}（min）以上の入力電圧とする．これに対して V_{IL} は，最大値 V_{IL}（max）で規定され，L レベルを与える場合は，V_{IL}（max）以下の入力電圧とする（表 11.12）．

(3) 入力電流（I_I，I_{IH}，I_{IL}）

入力電流は，IC の入力端子に電圧を加えたとき，入力端子に流れ込む電流値を表す．

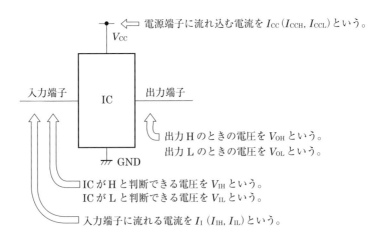

図 11.8　電気的特性

項　目	記号	最小(min)	最大(max)	単位
H レベル出力電圧	V_{OH}	2.4〜2.7	—	V
		$V_{CC}-0.1$		
L レベル出力電圧	V_{OL}	—	0.4〜0.5	V
			0.1	

← TTL
← CMOS

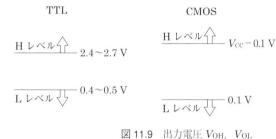

図 11.9　出力電圧 V_{OH}, V_{OL}

表 11.12　入力電圧 V_{IH}, V_{IL}

項　目	記号	最小(min)	最大(max)	単位
H レベル入力電圧	V_{IH}	2.0	–	V
		3.85		
L レベル入力電圧	V_{IL}	–	0.7〜0.9	V
			1.35	

← TTL, CT タイプの CMOS
← CT タイプ以外の CMOS

V_{CC} の設定条件は 4.5〜5.5 V

表 11.13　入力電流 I_I, I_{IH}, I_{IL}

項　目	記号	最大(max)	単位
入力電流	I_I	1.0	μA
		0.1	mA
H レベル入力電流	I_{IH}	20	μA
L レベル入力電流	I_{IL}	-0.4	mA

←-- CMOS
} TTL（LS シリーズ）の例

＊CMOS IC の入力電流値は小さい。

入力電流 I_I は，入力端子に最大入力電圧を加えた場合，H レベル入力電流 I_{IH} は，規定の H レベル入力電圧を加えた場合，L レベル入力電流 I_{IL} は，規定の L レベル入力電圧を加えた場合の電流値を示す（表 11.13）。

(4) 消費電流（I_{CC}, I_{CCH}, I_{CCL}）

消費電流は，IC の電源端子から内部に流れ込む電流で表されるため，電源電流の型で示される。TTL IC では，H レベル出力時電源電流 I_{CCH} と L レベル出力時電源電流 I_{CCL} で示される。I_{CCH} は，すべての出力が H レベルになるような入力条件を与えたときの電源電流であり，I_{CCL} は，すべての出力が L レベルになるような入力条件を与えたときの電源電流である。いずれも出力が固定の状態（静的な状態）のときの電源電流値である。

CMOS IC では電源電流値がきわめて小さいため，I_{CCH}, I_{CCL} と区別せずに大きいほうの値が静的電源電流 I_{CC} として示される（表 11.14）。

表 11.14　同機能をもつ TTL IC と CMOS IC の消費電流の比較

項　目	記号	測定条件	最大(max)	単位
電源電流	I_{CCH}	$V_{CC}=5.25$ 〔V〕, $T_a=-20～+75$ 〔℃〕	1.6	mA
	I_{CCL}	$V_{CC}=5.25$ 〔V〕, $T_a=-20～+75$ 〔℃〕	4.4	mA

日立 TTL HD 74 LS 00 の規格表より

測定条件は多少異なるが明らかに CMOS IC のほうが低消費電流である。

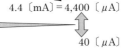
4.4〔mA〕=4,400〔μA〕
40〔μA〕

項　目	記号	測定条件	最大(max)	単位
静的消費電流	I_{CC}	$V_{CC}=5.5$ 〔V〕, $V_{IN}=V_{CC}$ or GND $T_a=-40～+85$ 〔℃〕	40	μA

日立 CMOS HD 74 AC 00 の規格表より

11.2.5　スイッチング特性

ICのスイッチング特性はAC特性あるいは動特性とも呼ばれ，ICに動的な入力信号を与えて測定する。

(1) 伝搬遅延時間（t_{PLH}, t_{PHL}）

いかなるICでも入力信号が与えられてから出力が応答するまでに遅れを生じてしまう。この遅れ時間のことを**伝搬遅延時間**と呼び，出力がLからHになるときの入出力間の遅れをt_{PLH}，出力がHからLになるときの入出力間の遅れをt_{PHL}と呼ぶ。時間を測定するポイントは，規格表で定められているが，標準ロジックICでは，図11.10に示すように，入出力波形の半分（50％）のレベルを用いる。

(2) 出力立上り・立下り時間（t_{TLH}, t_{THL}）

出力波形のなまり具合を表す項目である。図11.11に示すように，出力波形が10〜90％（90〜10％）の電圧になるまでの時間で示される。

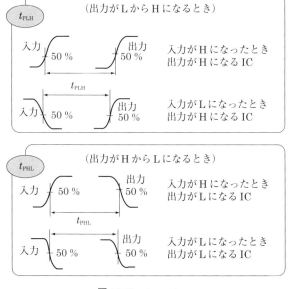

図11.10　t_{PLH}, t_{PHL}

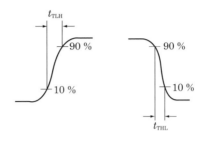

図 11.11　t_{TLH}, t_{THL}

スイッチング特性はこれらのほかに，**最大クロック周波数** f_{max}，**パルス幅** t_w，**ホールド時間** t_h，**セットアップ時間** t_{su} などがある．

11.3　規格表の例

実際に IC を用いた回路設計を行う際は，使用する IC の規格表を読みこなす必要がある．ここでは規格表の例として TTL IC の SN74LS00N と標準 CMOS IC の μPD74HC00 を取り上げたが，ほかの IC の規格表も扱えるように，規格表の見方に重点を置いて解説する．

11.3.1　TTL IC「SN74LS00N」

図 11.12 に TTL IC「SN74LS00」の規格表（抜粋）を示す．

入力クランプ電圧（V_{IK}）とは，入力端子から一定の電流値（ここでは 18mA）を引き出した（外部に向って流した）ときの入力端子の電圧を示す．LS シリーズでは，入力端子に備えられた**クランプダイオード**（clamp diode）によって，実入力レベルが，この入力クランプ電圧より下がらないように保護している（図 11.13）．

SN74LS00N ← パッケージの外形
TI 社の許可を得て、東芝で製造された。 | 74 シリーズ 動作温度範囲を指定 | ローパワーショットキー | 機能 NAND を示す

4つの
○QUAD 2 - INPUT GATE
　2 入力 NAND ゲート

最大定格 ← この範囲で使用すれば壊れない

項　目	記号	定　格	単位
電源電圧(対GND)	V_{CC}	$-0.5\sim7.0$	V
入力電圧	V_{IN}	$-0.5\sim15$	V
入力電流	I_{IN}	$-30\sim5.0$	mA
保存温度	T_{stg}	$-65\sim150$	℃
周囲温度	T_a	$-55\sim125$	℃

外形
CASE 646-05
向きを表す目印

推奨動作条件 ← この範囲で使用すれば正常に動作する

ピン接続図 (TOP VIEW) 上から見た図

項　目	記号	最小	標準	最大	単位
電源電圧	V_{CC}	4.75	5.0	5.25	V
出力電流 Hレベル	I_{OH}	-	-	-0.4	mA
出力電流 Lレベル	I_{OL}	-	-	8.0	mA
動作温度	T_a	0	25	70	℃

DC 電気的特性 (特に指定のない場合、T_a = 0〜70 ℃) ← 周囲温度

出力端子から 0.4 mA 流れ出ても、V_{OH} は最小でも 2.7 V を保証する。

項　目	記号	測定条件	最小	標準	最大	単位
入力電圧 Hレベル	V_{IH}		2.0	-	-	V
入力電圧 Lレベル	V_{IL}		-	-	0.8	V
入力クランプ電圧	V_{IK}	V_{CC} = 4.75 V, I_{IN} = -18 mA	-	-0.65	-1.5	V
出力電圧 Hレベル	V_{OH}	V_{CC} = 4.75 V, I_{OH} = -0.4 mA	2.7	3.5	-	V
出力電圧 Lレベル	V_{OL}	V_{CC} = 4.75 V, I_{OL} = 4.0 mA	-	0.25	0.4	V
		I_{OL} = 8.0 mA	-	0.35	0.5	
入力電流 Hレベル	I_{IH}	V_{CC} = 5.25 V, V_{IN} = 2.7 V 入力	-	-	20	μA
		V_{CC} = 5.25 V, V_{IN} = 7.0 V 端子	-	-	0.1	
入力電流 Lレベル	I_{IL}	V_{CC} = 5.25 V, V_{IN} = 0.4 V の電圧	-	-	-0.4	mA
出力短絡電流	I_{SC}	V_{CC} = 5.25 V	-20	-	-100	mA
電源電流	I_{CCH}	V_{CC} = 5.25 V	-	-	1.6	mA
	I_{CCL}		-	-	4.4	

・2.0 V 以上を H と判断する。
・0.8 V 以下を L と判断する。
・出力端子に 4.0 mA 流れ込んでも V_{OL} は最大でも 0.4 V を保証する。
・すべての出力が H のとき
・すべての出力が L のとき

← H となっている出力端子を GND にショートさせたときに流れる電流
← 入力端子から 18 mA 引き出したときの入力端子の電圧

AC 電気的特性 (T_a = 25 ℃) ← 周囲温度が 25 ℃のとき

項　目	記号	測定条件	最小	標準	最大	単位
伝搬遅延時間 IC のスピードを表す	t_{PLH}	V_{CC} = 5.0 V, C_L = 15 pF 出力端子につく負荷容量値	-	9.0	15	ns
	t_{PHL}		-	10	15	

図 11.12　SN74LS00N の規格表

11.3　規格表の例

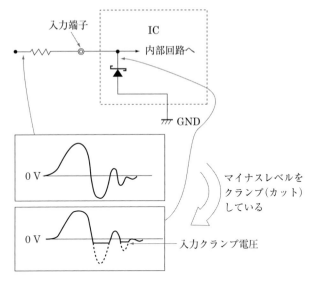

図 11.13　クランプダイオードの働き

外 形 図　　　　　　　　　　　　　　　646-05（14 ピン）外形図

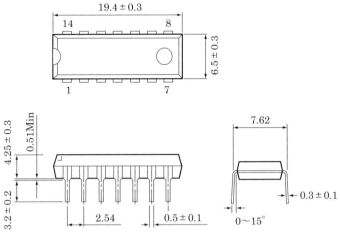

図 11.14　SN74LS00N の規格表（外形図）

出力短絡電流（I_{SC}）とは，出力が H となっている 1 つの端子を GND にショート（短絡）したときに流れる電流である。ただし，「同時に 2 つ以上の端子をショートさせない。ショートさせる時間は 1 秒以内にする」などの制約がある。

11.3.2　標準 CMOS ロジック IC「μPD74HC00」

図 11.15, 図 11.16, 図 11.17 に標準 CMOS ロジック IC「μPD74HC00」の規格表（抜粋）を示す。

入力容量（C_I）とは，入力端子と接地（GND または V_{SS}）端子間の容量値を示す。

内部等価容量（C_{pd}）とは，IC を 1 つのコンデンサと考えたときの電源（V_{CC} または V_{DD}）端子間の容量値を示し，動的消費電力（出力が変化するように使用したときの消費電力）の算出に用いる。

μPD74HC00

QUAD 2-INPUT NAND GATE

外形の違い　　　　　　　　　　4つの　　　2入力 NAND ゲート

μPD74HC00C, 74HHC00G, 74HC00GS は、高速 CMOS ロジックファミリーの一環として開発された QUAD2-INPUT NAND ゲートである。

CMOS の特長である低消費電力、高雑音余裕度、広動作範囲などに加えシリコンゲートプロセスの採用により、LSTTL なみの動作速度とドライブ能力をもっている。

特長
○高速：伝達遅延時間 8 ns TYP（$C_L = 15$ pF）
○低消費電力：1 mW TYP（$f = 1$ MHz, $C_L = 15$ pF）
○高雑音余裕度：$45\% \times V_{DD}$ TYP
○動作温度が広い：$-40 \sim +85$ ℃
○LSTTL を 10 個ドライブ可能
○74LS00 とピンコンパチブル

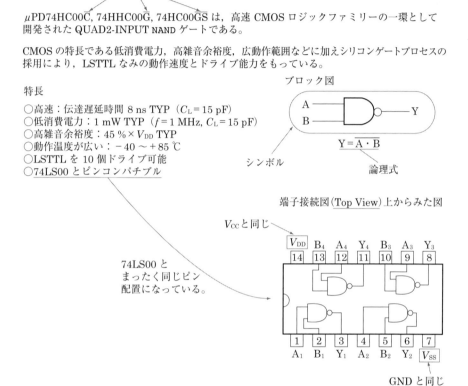

図 11.15　μPD74HC00 の規格表（1）

μPD74HC00

絶対最大定格($T_a = 25\ ℃$,$V_{SS} = 0\ V$)　　GNDと同じ　　V_{CC}（電源電圧）と同じ

項　目	略号	定　格	単位
電　源　電　圧	V_{DD}	$-0.5 \sim +7.0$	V
入　力　電　圧	V_I	$-1.5 \sim V_{DD} + 1.5$	V
入　力　電　流	I_I	± 20	mA
出　力　電　圧	V_O	$-0.5 \sim V_{DD} + 0.5$	V
出　力　電　流	I_O	± 25	mA
パッケージ許容損失	P_D	500*/200**	mW
動　作　温　度	T_{opt}	$-40 \sim +85$	℃
保　存　温　度	T_{stg}	$-65 \sim +150$	℃

t_{opt}と同じ　　外形によって異なる *DIP **SOP

推奨動作条件($T_a = -40 \sim +85\ ℃$,$V_{SS} = 0\ V$)

項　目	略号	条　件	min	TYP	max	単位
電　源　電　圧	V_{DD}		2.0		6.0	V
入　力　電　圧	V_I		0		V_{DD}	V
入力立上り・立下り時間	t_r, t_f	$V_{DD} = 2.0\ V$	0		1,000	ns
		$V_{DD} = 4.5\ V$	0		500	
		$V_{DD} = 6.0\ V$	0		400	

電気的特性($V_{SS} = 0\ V$)

項　目	略号	条　件	$V_{DD}(V)$	$T_a = 25\ ℃$ min	TYP	max	$T_a = -40 \sim +85\ ℃$ min	TYP	max	単位
Hレベル出力電圧	V_{OH}	$V_I = V_{IL}$ or V_{IH} $I_O = -20\ \mu A$	2.0	1.90	2.0		1.90			V
			4.5	4.40	4.5		4.40			
			6.0	5.90	6.0		5.90			
		$V_I = V_{IL}$ or V_{IH} $I_O = -4\ mA$ $I_O = -5.2\ mA$	4.5	3.98	4.32		3.84			
			6.0	5.48	5.80		5.34			
Lレベル出力電圧	V_{OL}	$V_I = V_{IL}$ or V_{IH} $I_O = 20\ \mu A$	2.0		0	0.1			0.1	V
			4.5		0	0.1			0.1	
			6.0		0	0.1			0.1	
		$V_I = V_{IL}$ or V_{IH} $I_O = 4\ mA$ $I_O = 5.2\ mA$	4.5		0.14	0.26			0.33	
			6.0		0.15	0.26			0.33	
入力電流	I_I	$V_I = V_{SS}$ or V_{DD}	6.0			± 0.1			± 1.0	μA
Hレベル入力電圧	V_{IH}	$V_O = V_{DD} - 0.1V$ or $0.1V$ $I_O = 20\ \mu A$	2.0	1.50			1.50			V
			4.5	3.15			3.15			
			6.0	4.20			4.20			
Lレベル入力電圧	V_{IL}	$V_O = V_{DD} - 0.1V$ or $0.1V$ $I_O = 20\ \mu A$	2.0			0.3			0.3	V
			4.5			0.9			0.9	
			6.0			1.2			1.2	
静消費電流	I_{DD}	$V_I = V_{SS}$ or V_{DD} $I_O = 0\ \mu A$	2.0			1.0			10	μA
			4.5			1.5			15	
			6.0			2.0			20	

I_{CC}と同じ

図 11.16　μPD74HC00 の規格表（2）

11.3　規格表の例　　147

μPD74HC00

スイッチング特性 ($T_a = 25$ ℃, $V_{DD} = 5$ V, $C_L = 15$ pF, $t_r = t_f = 6$ ns)

← 出力端子に負荷容量を 15 pF までつけても以下の特性は保証する。

項　　目	略号	条　件	min	TYP	max	単位
伝達遅延時間	t_{PHL}, t_{PLH}			6	15	ns
立上り，立下り時間	t_{THL}, t_{TLH}			4	10	ns

スイッチング特性 ($C_L = 50$ pF, $t_r = t_f = 6$ ns)

項　　目	略号	条　件	V_{DD} (V)	$T_a = 25$ ℃ min	TYP	max	$T_a = -40 \sim +85$ ℃ min	max	単位
伝達遅延時間	t_{PHL}		2.0		19	90		113	ns
	t_{PLH}		4.5		9	18		23	
			6.0		8	15		19	
立上り，立下り時間	t_{THL}		2.0		15	75		95	ns
	t_{TLH}		4.5		7	15		19	
			6.0		5	13		16	
入力容量	C_I		−		4	10		10	pF
内部等価容量	C_{pd}		−		30				pF

← 動的消費電力の算出に使用
← 入力端子と V_{SS} 端子 (GND 端子) 間の容量値

スイッチング特性波形

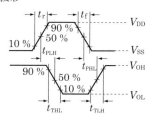

図 11.17　μPD74HC00 の規格表 (3)

148　第 11 章　ディジタル IC

11.4 標準ロジック IC の使用例

標準ロジック IC の使用例として，74HC00 を使用した全加算器の構成例を示す。

11.4.1 仕様

- 標準ロジック IC を用いて，図 11.18 に示す全加算器を構成する（全加算器の構成と働きは 8.3 節「加算器」を参照）。
- 標準ロジック IC は，2 入力 NAND 回路 74HC00 のみを用いる。

11.4.2 使用 IC 対応回路図

使用 IC で対応できるように，論理回路を変更する。ここでは，74HC00（2入力 NAND）のみを使用して回路を構成するので，図 11.18 の論理回路をブール代数の公式などを用いて，2 入力 NAND による構成に変換する（図 11.19）。ここで 2，4，9，11 の NAND は，2 つの入力がショートされているので，NOT として使われている。

11.4.3 結線図

標準ロジック IC を用いた結線図を作成する。図 11.19 で使用した 2 入力 NAND を 74HC00 内の NAND に割り当て，結線図を作成する。割り当ては自由であるが，なるべく配線が交差しないようにする。未使用の NAND は，入力端子を V_{CC} または GND に固定し，不安定動作を防ぐ。図 11.20 に 74HC00 を 4 個使用した全加算器の結線図を示す。図中の NAND の番号は図 11.19 の回路図の NAND の番号と対応させている。14，15，16 の NAND は未使用である。

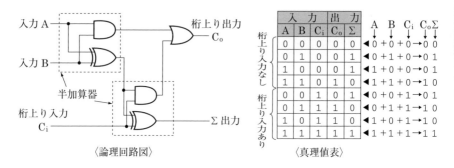

図 11.18　全加算器

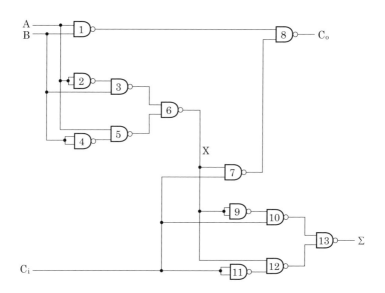

図 11.19　2 入力 NAND による全加算器

150　第 11 章　ディジタル IC

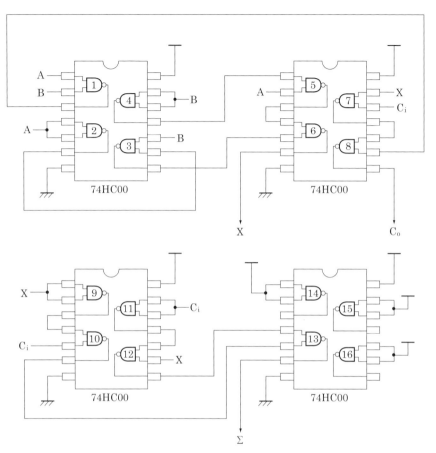

未使用 NAND14〜16 は誤作動しないように入力を固定する。

図 11.20　74HC00 による全加算器

11.4　標準ロジック IC の使用例

◆◆◆ 演習問題 ◆◆◆

[1] 図 11.5 を参照し，①3 入力 NAND と②3 入力 NOR を CMOS トランジスタにより構成せよ。

[2] 次の表を参照し，74LS00 の NAND ゲートが駆動可能な 74LS02 の最大ゲート数（ファンアウト）を求めよ。

表　74LS00 と 74LS02 の入出力電流特性

項　目	記号	max	単位
出力電流	I_{OH}	−400	μA
	I_{OL}	8	mA

（a）駆動する IC 74LS00 の出力電流値

項　目	記号	max	単位
入力電流	I_{IH}	20	μA
	I_{IL}	−0.4	mA

（b）駆動される IC 74LS02 の入力電流値

[3] 絶対最大定格と推奨動作条件の違いについて述べよ。
[4] 図 8.4 に示す 4 入力マルチプレクサを，74HC00 を用いて構成せよ。
[5] 現在量産されている IC メモリとマイクロコントローラについて調べよ。
[6] 使用者が論理回路を書き込めるデバイスとして FPGA が使われている。その特徴と利用分野について調べよ。

第12章 CASL Ⅱ

　CASL Ⅱは，「独立行政法人 情報処理推進機構（IPA）」が定めている仮想コンピュータ COMET Ⅱのためのアセンブラ言語である。アセンブラ言語は，機械語を略号で表したものであり，ハードウェアを直接制御する命令で構成される。本章では，CASL Ⅱでプログラムを作成する際の基本命令と基本操作について解説する。言語仕様および個々の命令の詳細については，巻末付録 A.2「アセンブラ言語 CASL Ⅱの仕様」を参照されたい。また，2章で解説したハードウェア COMET Ⅱの動作を踏まえて，理解を深めてほしい。

12.1　データ転送命令

12.1.1　LAD 命令

　LAD 命令は，ロード（Load ADdress）を意味し，レジスタへの実効アドレス（定数）の代入とレジスタ間のデータ転送を行う。図 12.1 例③では，GR1 の値は保持されて GR2 に転送される。すなわち，GR2 に GR1 の値がコピーされることになる。例⑤の GR2 の箇所には，指標レジスタとして使えない GR0 を指定することはできないので注意が必要である。間違いを例⑥に示す。例⑦と例⑧は自分自身のレジスタ値に定数を増減し，戻すことによって値を増減している。

```
                    レジスタへの定数の代入
例①   LAD GR0, 300              GR0 に 300 を代入
例②   LAD GR3, 125              GR3 に 125 を代入
                    レジスタ間のデータ転送
例③   LAD GR2, GR1              GR1 の値を GR2 に転送
例④   LAD GR1, GR0              GR0 の値を GR1 に転送
例⑤   LAD GR1, 13, GR2          GR2 の値に 13 を加えて GR1 に転送
例⑥   LAD GR1, 13, GR0          間違った例
                    レジスタ値の増減
例⑦   LAD GR4, 10, GR4          GR4 の値を 10 加算
例⑧   LAD GR5, -7, GR5          GR5 の値を 7 減算
```

図 12.1　LAD 命令

```
例①   WRK    DS    1             メモリの 1 語をラベル WRK とする
例②   DAT1   DS    5             メモリの連続する 5 語をラベル DAT1
                                 から確保
例③   DAT2   DC    23            定数 23 をメモリのラベル DAT2 に格納
例④   ATAI   DC    3, 5, 7, 10   メモリのラベル ATAI の位置から定数
                                 3, 5, 7, 10 を格納
```

図 12.2　DS, DC 命令

12.1.2　DS 命令, DC 命令

LAD 命令などの機械語命令は CPU が実際に実行する命令であるが，DS 命令や DC 命令などのアセンブラ命令は，メモリの初期化などを行う擬似的な命令なので CPU で実行されることはない．DS 命令は，指定した語数の領域をメモリに確保し，DC 命令は，定数で指定したデータをメモリに格納する．図 12.2 の WRK，DAT1，DAT2，ATAI は著者がつけたラベル名前であり，仕様の範囲で任意に指定することができる．ラベルはメモリのアドレスとして用いられる．図 12.2 の例①から④を連続して記述した場合のメモリ状態を図 12.3 に示す．

図 12.3　図 12.2 の命令によるメモリ状態

12.1.3　ST 命令

ST 命令は，(STore) を意味し，レジスタの値をメモリに転送する。転送元のレジスタ値は保持される。図 12.4 の例②において，指標レジスタとして使われている GR2 の値が，たとえば 5 であった場合は，ラベル DAT1 から 5 アドレス先のメモリ位置に GR0 の値が格納されることになる。

| 例① | ST GR1, WRK | GR1 の値をメモリ（ラベル WRK）に転送 |
| 例② | ST GR0, DAT1, GR2 | GR0 の値を DAT1 から GR2 先のメモリに転送 |

図 12.4　ST 命令

12.1.4 LD命令

LD命令は，(LoaD) を意味し，メモリの値をレジスタに転送する。転送元のメモリの値は保持される。図12.5の例②において，GR2の値がたとえば3であった場合は，ラベルLTBLから3アドレス先のメモリ位置の値がGR3に転送されることになる。

```
例①   LD GR0, WRK          ラベルWRKのメモリ値をGR0に転送
例②   LD GR3, LTBL, GR2    ラベルLTBLからGR2先のメモリ値を
                            GR3に転送
```

図12.5　LD命令

12.2　算術，論理演算命令

12.2.1　算術加減算命令

算術演算命令は，レジスタ値やメモリの値を符号付きの算術値（2の補数形式の16ビット2進数）として計算する。算術加算命令ADDA（ADD Arithmetic）と算術減算命令SUBA（SUBtract Arithmetic）があり，いずれも演算した結果をレジスタに格納する。たとえば図12.6においてGR0が13，メモリのWORKに8が格納されている場合，例④の実行結果はGR0に13−8の結果5が格納され，メモリのWORKの値は保持されて8となる。

12.2.2　論理加減算命令

論理演算命令は，レジスタ値やメモリの値を符号なしの16ビット2進数として計算する。論理加算命令ADDL（ADD Logical）と論理減算命令SUBL（SUBtract Logical）があり，いずれも演算した結果をレジスタに格納する。

```
例①  ADDA GR0, GR3        GR0の値とGR3の値を算術加算して
                          GR0に格納
例②  ADDA GR1, WORK       GR1の値とメモリのWORKの値を算術
                          加算してGR1に格納
例③  SUBA GR4, GR5        GR4の値からGR5の値を算術減算して
                          GR4に格納
例④  SUBA GR0, WORK       GR0の値からメモリのWORKの値を算
                          術減算してGR0に格納
```

図12.6 ADDA, SUBA命令

12.2.3 論理積, 論理和, 排他的論理和演算命令

論理演算命令には,論理加減算のほか, AND, OR, XOR (eXclusive OR) 命令がある。いずれも2つの16ビット2進数に対して,同一ビット同士を論理演算する。たとえば,図12.7の例①において初期値が16進数表記 #h で GR2 が #h4C3E, GR3 が #hD57A のとき,2進数に変換すると以下のようになる。

GR2：#h4C3E → 2進数で 0100 1100 0011 1110
GR3：#hD57A → 2進数で 1101 0101 0111 1010

```
例①  AND GR2, GR3         GR2の値とGR3の値をAND演算して
                          GR2に格納
例②  AND GR1, MASK1       GR1の値とメモリのMASK1の値をAND
                          演算してGR1に格納
例③  OR GR2, GR3          GR2の値とGR3の値をOR演算して
                          GR2に格納
例④  OR GR1, MASK1        GR1の値とメモリのMASK1の値をOR
                          演算してGR1に格納
例⑤  XOR GR2, GR3         GR2の値とGR3の値をXOR演算して
                          GR2に格納
例⑥  XOR GR1, MASK1       GR1の値とメモリのMASK1の値をXOR
                          演算してGR1に格納
```

図12.7 AND, OR, XOR命令

対応するビットを AND 演算すると 0100 0100 0011 1010 となり，この値が GR2 に格納される。なお，16 進数で表すと #h443A となる。

12.2.4　シフト演算命令

　シフト演算命令は，レジスタに格納されている 2 進数を右または左に移動（シフト）させる。符号を保持してシフトする算術シフトと 16 ビットすべてをシフトする論理シフトに分かれ，算術左シフト SLA（Shift Left Arithmetic），論理左シフト SLL（Shift Left Logical），算術右シフト SRA（Shift Right Arithmetic），論理右シフト SRL（Shift Right Logical）の 4 命令がある（図 12.8 参照）。

　図 12.9 にシフト演算例として，GR1 が 1111 1100 0011 1111（2 進数），GR2 が 2 の場合の結果を示す。GR1 は 16 進数では FC3F，10 進数では−961 である。

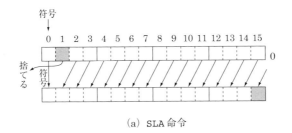

(a) SLA 命令

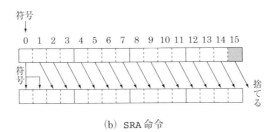

(b) SRA 命令

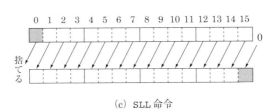

(c) SLL 命令

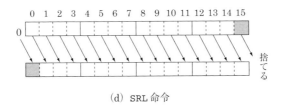

(d) SRL 命令

図 12.8 シフト命令

```
例①  SLA GR1, 3         符号を保持してGR1を左に3個シフト
    結果 ⇨ 1110 0001 1111 1000（2進数），
           E1F8（16進数），-7688（10進数）
例②  SLL GR1, 3         GR1全体を左に3個シフト
    結果 ⇨ 1110 0001 1111 1000（2進数），
           E1F8（16進数），-7688（10進数）
例③  SRA GR1, 3         符号を保持してGR1を右に3個シフト
    結果 ⇨ 1111 1111 1000 0111（2進数），
           FF87（16進数），-121（10進数）
例④  SRL GR1, 3         GR1全体を右に3個シフト
    結果 ⇨ 0001 1111 1000 0111（2進数），
           1F87（16進数），8071（10進数）
例⑤  SRL GR1, 3, GR2    GR1全体を右に（3+GR2）すなわち5個シフト
    結果 ⇨ 0000 0111 1110 0001（2進数），
           07E1（16進数），2017（10進数）
```

図 12.9　シフト命令による演算

◆◆◆　演習問題　◆◆◆

[1] 指標レジスタの役割について説明せよ（2.5節「COMET IIの構成要素」および巻末付録「アセンブラ言語の仕様」参照）。
[2] 指標レジスタとして使えないレジスタ名を示せ。
[3] 算術値と論理値の違いについて説明せよ。
[4] 次の①～⑱に示す処理を実現する最も適した命令を答えよ。
　①定数（実効アドレス値）をレジスタに代入する。
　②レジスタの値をメモリへ転送する。
　③レジスタ値に定数（実効アドレス値）を加／減する。
　④メモリの値をレジスタへ転送する。
　⑤レジスタの値をほかのレジスタへ転送する。
　⑥メモリへラベルを付けて領域を確保する。
　⑦メモリへラベルを付けて定数を代入する。
　⑧レジスタ値やメモリ値を算術加算する。
　⑨レジスタ値やメモリ値を算術減算する。
　⑩レジスタ値やメモリ値を論理加算する。
　⑪レジスタ値やメモリ値を論理減算する。

⑫レジスタ値に対して論理演算のアンドを行う。
⑬レジスタ値に対して論理演算のオアを行う。
⑭レジスタ値に対して論理演算のイクスクルーシブ・オアを行う。
⑮レジスタ値に対して論理右シフトを行う。
⑯レジスタ値に対して論理左シフトを行う。
⑰レジスタ値に対して算術右シフトを行う。
⑱レジスタ値に対して算術左シフトを行う。

[5] 次の空欄をうめ、説明を完成させよ。

命令の説明			
GR 1 に 1 を代入する。	① ___	GR 1, ② ___	
GR 2 に 1 を加算する。	LAD	③ ___	
GR 4 から 3 を引く。	④ ___	⑤ ___	, -3, GR 4
GR 2 のデータを GR 1 に転送する。	LAD	⑥ ___	
GR 2 に 4 を加算したデータを GR 3 に転送する。	LAD	GR 3, ⑦ ___	
GR 0 に AL 1 番地のデータを加算する。	⑧ ___	GR 0, ⑨ ___	
AB 番地のデータを BC 番地に転送する。	LD ⑪ ___	GR 1, ⑩ ___	

第13章 CASL IIによるプログラミング

本章では，アセンブラ言語 CASL II でプログラムを作成する際の基本操作と基本処理についての解説を行う。アセンブラ言語を用いてプログラミングするためには，命令の理解のみならず，ハードウェアの知識も必要となる。2章で学んだマイクロプロセッサ COMET II のハードウェアも参照しながら理解を進めてほしい。

13.1 データ転送

13.1.1 レジスタ間のデータ転送

レジスタ間のデータ転送には，LAD 命令による直接的な方法と，メモリを用いた間接的な方法がある。LAD 命令による方法では，指標レジスタを転送元のレジスタとする。そのため，GR0 からのデータ転送はできない。図 13.1 にレジスタ間のデータ転送を示す。

```
            LAD    GR0, 0, GR1      ……    GR1 ⇨ GR0

            ST     GR1, WRK  ⎫
            LD     GR0, WRK  ⎭     ……    GR1 ⇨ WRK ⇨ GR0
              ⋮
    WRK     DS     1                ……    作業用メモリ領域の確保
```

図 13.1　レジスタ間のデータ転送

13.1.2　メモリ間のデータ転送

　CASL Ⅱ ではメモリ間のデータ転送を行う命令が用意されていない。そこで，メモリ間のデータ転送は，レジスタを経由して行う。図 13.2 にメモリ間のデータ転送を示す。

```
            LD     GR0, DAT1  ⎫ DAT1 番地のデータを DAT2 番地に転送
            ST     GR0, DAT2  ⎭
              ⋮
    DAT1    DC     5
    DAT2    DS     1
```

図 13.2　メモリ間のデータ転送

13.2　条件分岐

　条件分岐は FR の値を条件として分岐する。そのため，フラグレジスタ（FR）に値をセットする命令と条件分岐命令 JPL（Jump on PLus），JMI（Jump on MInus），JNZ（Jump on Non Zero），JZE（Jump on ZEro），JOV（Jump on OVerflow），JUMP（unconditional JUMP）とによって成り立つ。フラグレジスタをセットする命令については，巻末付録 A.1.2「命令」を参照。

13.2.1 GRの符号を条件とする

図13.3にGRの符号を条件として分岐する処理の考え方を示す。命令SUBA GR1, ZEROでGRより0を減算することにより，GRの値を破壊せずにGRの符号を調べ，FRのセットを行う。図13.4にGR1の符号による分岐例を示す。図13.5のフローチャートに示すようにGR1の符号を条件として，値が0でなければSRET2番地へ分岐させている。

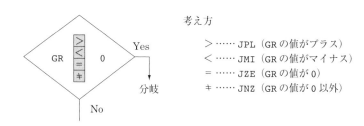

図13.3 GRの符号による分岐

図13.4 GR1の符号による分岐例

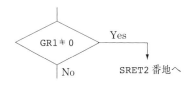

＊SUBAの代わりにADDAでもよい。
図13.5 GR1の符号による分岐（フローチャート）

13.2.2　演算結果を条件とする

図 13.6 に示すように，GR を用いた演算を行い，その結果で分岐することもできる。

図 13.7 では，命令 SUBA GR0, WORK によって GR0 からメモリ（WORK）の値を減算し，その結果を分岐条件としている。この場合，GR0 が 5，WORK が 3 なので減算結果 2 はプラス符号である。そのため，JPL LB6 が実行され，ラベル LB6 へ処理が移り LAD GR1, 1, GR1 の行はスキップされる。すなわち，最終的に実行結果として，GR1 は LAD GR1, 2, GR1 によって GR1 の値 3 に 2 が加算されて，5 となる。

図 13.6　GR を用いた演算結果による分岐（考え方）

```
            LAD     GR0, 5
            LAD     GR1, 3
            SUBA    GR0, WORK
            JPL     LB6
            LAD     GR1, 1, GR1
LB6         LAD     GR1, 2, GR1
             ⋮
WORK        DC      3
```

図 13.7　GR0 を用いた演算結果による分岐例

13.2.3　GRとメモリの値の比較結果を条件とする

図 13.8 は GR の値とメモリの値を CPA や CPL などの比較命令によって大小比較して条件分岐する処理である。GR の値からメモリの値を引いた結果の符号（正，0，負）を，図 13.3 の場合に当てはめて考える。算術比較命令 CPA（ComPare Arithmetic）は，データを算術値（2 の補数表現の符号付き 2 進数）で比較し，論理比較命令 CPL（ComPare Logical）は，データを論理値（符号なし絶対値）で比較する。SUBA や SUBL と同じく減算結果を分岐条件として考えるが，実際には減算は行われず，レジスタの値は保持される。

図 13.9 に CPA を用いた分岐例を示す。図 13.7 と同様にラベル LB6 へ分岐する。CPA 命令では GR の値は保持されるので GR0 の値は初期値 5 のままになる（図 13.7 の命令 SUBA GR0, WORK では GR0 の値 5 から WORK の値 3 が引かれ，GR0 は 2 となっている）。

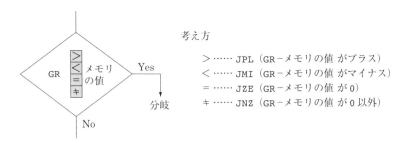

図 13.8　比較命令による分岐

```
        LAD     GR0, 5
        LAD     GR1, 3
        CPA     GR0, WORK
        JPL     LB6
        LAD     GR1, 1, GR1
LB6     LAD     GR1, 2, GR1
        ：
WORK    DC      3
```

図 13.9　CPA 命令を用いた分岐例

13.2.4 複数の条件による分岐処理

複数の条件による分岐処理の例を図 13.10 に示す。この処理は同図 (b) に示すように，処理 0 ～処理 4 を GR2 の値によって選択し，実行するものである。

たとえば GR2 の値が 3 のときは，LD 命令によって（LTBL+GR2）番地，すなわち，（LTBL＋3）番地（LTBT 番地から 3 つ先のメモリ）のデータが GR3 に転送される。ここで（LTBL＋3）番地には，DC 命令によってラベル LB3 が示す番地が定義されているので，GR3 はラベル LB3 が示す番地となる。したがって，JUMP 命令では LB3 番地への分岐が行われる。

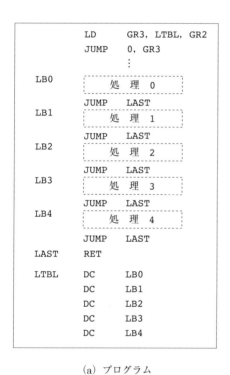
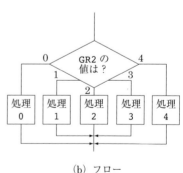

(a) プログラム　　　　　　(b) フロー

図 13.10　GR2 の値によって，処理 0 ～ 4 を選択する

13.2.5　繰返し処理

図 13.11 と図 13.12 に一般的な繰返し処理の例を示す。図 13.11（a）および図 13.12（a）の繰返しが行われる部分を，繰返しループと呼び，このループ内に繰返し処理を記述する。図 13.11 の場合は，GR1 をカウンタとして扱う。LAD GR1, 10 でカウンタ値 10 に初期化し，SUBA GR1, ONE で処理が行われるたび

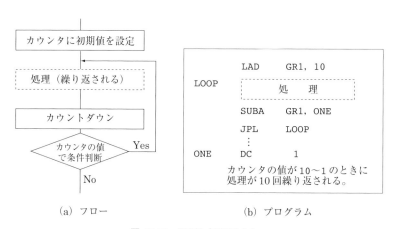

図 13.11　繰返し処理例（1）

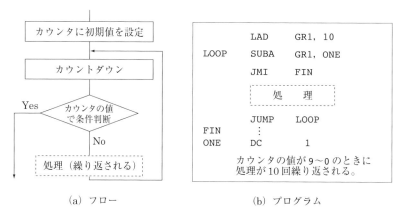

図 13.12　繰返し処理例（2）

に 1 つずつカウントダウンし，カウンタ値がプラスの間は，ラベル LOOP に戻り，処理を繰り返す．すなわち，カウンタ値が 10，9，8，・・・・，3，2，1 のときに処理が 10 回繰り返される．図 13.12 の場合は，カウンタとして LAD GR1, 10 で GR1 を 10 に初期化したあと，SUBA GR1, ONE でカウントダウンして，その値がマイナスになったときに JMI FIN で処理を終了する．すなわち処理がなされるのは，カウンタ GR1 が 9，8，7，・・・・，2，1，0 のときであり，10 回の処理が繰り返される．

13.3 数値計算

13.3.1 負の数を正の値に変換する

図 13.13 は負の数を正の値に変換する処理である．XOR 命令でビットを反転させたあと，LAD 命令で 1 を加え，2 の補数を求める．この処理は，正の数から負の数への変換にも用いられる．

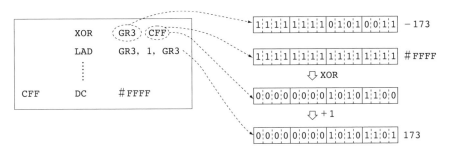

図 13.13　負の数を正の数に直す（GR3 が −173 のときを説明）

13.3.2 乗算

図13.14〜図13.16は，いずれもGRの値を10倍にする処理である。図13.14は，GRを9回加算することによって，GRの値を10倍にし，図13.15，図13.16は，n回の左算術シフトを行うと2^n倍になることを利用して，GRを10倍にする。

図13.14 繰返し加算による乗算例（GR2×10の場合）

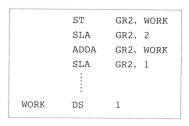
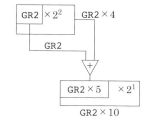

図13.15 シフトによる乗算例（1）（GR2×10の場合）

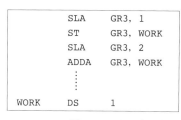
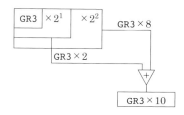

図13.16 シフトによる乗算例（2）（GR3×10の場合）

13.3.3　除算

図 13.17 は，GR3 を 59 で割り，GR1 に商を，GR3 に余りを格納する処理である。GR1 をカウンタとして，GR3 から 59 を引くことのできる回数を数える。

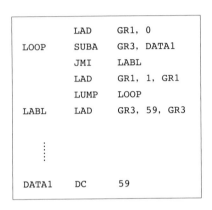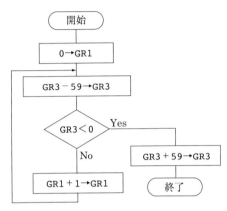

図 13.17　繰返し減算による除算例（GR3÷59＝GR1　…GR3）

13.3.4　データの累算

連続するメモリ領域のデータを扱う場合は，指標レジスタを用いて，基準となるラベルからの相対位置を指定する。

図 13.18 にラベル ST1 からメモリに連続して格納されている 7 個のデータ列を示す。これらデータを累算するプログラム例を図 13.19 に示す。基準となるラベル ST1 に対して指標レジスタとして GR3 を用いている。GR3 は，LAD GR3, 0 で 0 に初期化され，LAD GR3, 1, GR3 で 1 つずつ増えていく。CPA GR3, C7 と JMI LOOP によって，GR3 が 7 未満である間，処理は繰り返される。すなわち，ラベル ST1＋0 番地のデータから ST1＋6 番地のデータが扱われる。

ラベル	
ST1	8
	2
	3
	5
	9
	2
	6
メモリ	

(ST1+0)番地のデータから
(ST1+6)番地までのデータの累積を行う。
(8+2+3+5+9+2+6)

図 13.18　データ列の累算

```
HAI2    START
        LAD     GR3, 0
        LAD     GR4, 0
LOOP    ADDA    GR4, ST1, GR3
        LAD     GR3, 1, GR3
        CPA     GR3, C7
        JMI     LOOP
FIN     RET
ST1     DC      8
        DC      2
        DC      3
        DC      5
        DC      9
        DC      2
        DC      6
C7      DC      7
        END
```

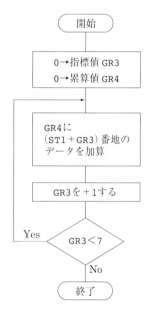

図 13.19　データ列の累算プログラム

13.3　数値計算

13.3.5 データのチェック

図 13.18 のデータ列に対して，4 以上のデータの個数を GR1 に，4 未満のデータの個数を GR2 に求めるプログラムを図 13.20 に示す．この例のように，分岐と繰返しを組み合せて各種の数値計算を行うことができる．

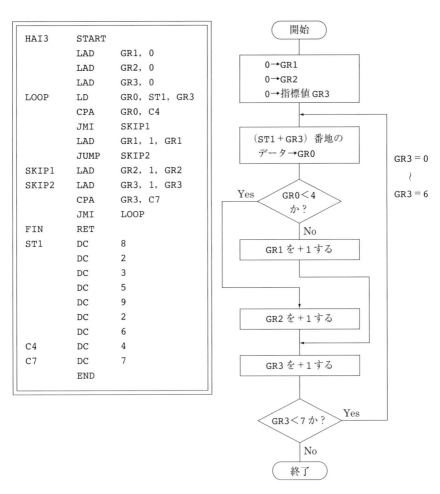

図 13.20 データのチェックプログラム

13.3.6 最大値，最小値を求める

図 13.18 のデータ列の最大値を求めるプログラムを図 13.21 に示す。GR1 を LB1 に対する指標レジスタとして用い，参照したデータの最大値を GR2 に更新する。

図 13.21 プログラム内の「JMI CHNG」の部分を，「JPL CHNG」に変更することにより，最小値を求めるプログラムとなる。

```
MAX1    START
        LAD     GR1, 0          …… 指標値を 0 に初期化
        LD      GR2, LB1, GR1   …… メモリのデータを GR2 に格納
S1      LAD     GR1, 1, GR1     …… 指標値を +1
        CPA     GR1, GOSU       ⎫
        JZE     LAST1           ⎬ … 全データの比較終了判定
        CPA     GR2, LB1, GR1   ⎫
        JMI     CHNG            ⎬ … GR2 とメモリのデータの大小比較
        JUMP    S1
CHNG    LD      GR2, LB1, GR1   …… GR2 の値を更新
        JUMP    S1
LAST1   RET
GOSU    DC      7               …… データ数を定義
LB1     DS      7               …… データ領域を確保
        END
```

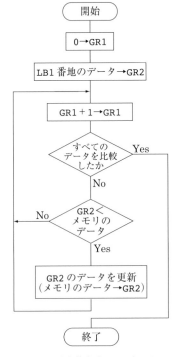

図 13.21 最大値を求めるプログラム

◆◆◆ 演習問題 ◆◆◆

[1] 次に示すプログラムは，FTR番地より格納された5個のデータの，0以上の数の個数をGR2に数えるものである。フローチャートを参照し，空欄をうめよ。

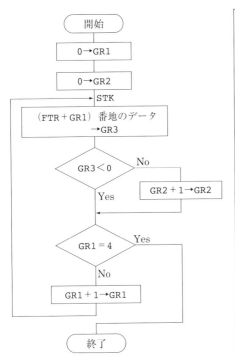
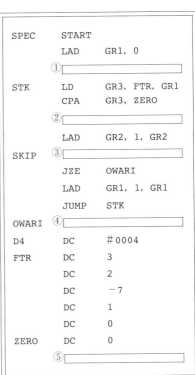

[2] 次に示すプログラムは，1 から 10 までの和を GR3 に求めるものである。空欄に適切な命令を記述し，完成させよ。

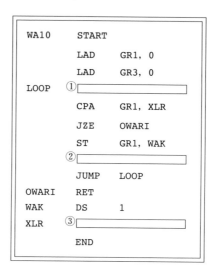

```
WA10    START
        LAD     GR1, 0
        LAD     GR3, 0
LOOP    ①
        CPA     GR1, XLR
        JZE     OWARI
        ST      GR1, WAK
        ②
        JUMP    LOOP
OWARI   RET
WAK     DS      1
XLR     ③
        END
```

[3] 次に示すプログラムは，シフトによる除算を行うもので，DX2番地のデータを8で除算し，商をGR1に，余りをGR2に求めるものである。フローチャートを参照し，空欄をうめよ。

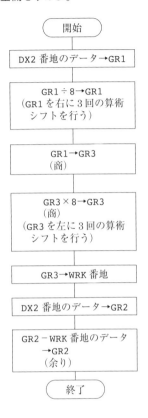

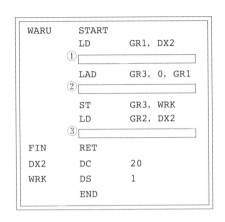

[4] 次に示すプログラムは，AR1番地から格納された10個のデータをチェックし，負の数であれば，0に書き直す処理を行うものである。空欄に適切な命令を記述せよ。

CHK3	START		
	LAD	GR1, 9	…指標値を9に
	LAD	GR2, 0	
SAI	①		…チェックデータ→GR3
	SUBA	GR3, MIO	…データのチェック
	JPL	SKIP	…データが正のときの処理
	②		…データが負のときの処理
SKIP	ADDA	GR1, MIO	…指標値を1減らす
	③		…終了判定
	JUMP	SAI	
YAME	RET		
MIO	DC	-1	…書換えデータを格納
AR1	DC	3	…処理データの格納領域
	DC	-2	
	DC	4	
	DC	0	
	DC	-5	
	DC	7	
	DC	2	
	DC	9	
	DC	-7	
	DC	-5	
	END		

[5] GR3 に (a) のマスクデータを作成するプログラムを (b) に示す。空欄に適切な命令を記述せよ。

(a)

```
MBIT    START
        LD      GR1, CZ
        SRA     GR1, 3
        ①
        SRL     GR3, 8
        ST      GR1, WRK
        ②
FIN     ③
CZ      DC      #8000
WRK     DS      1
        END
```

(b)

[6] 次にプログラムのループ処理部を示す。処理 A は何回実行されるか。

```
        LAD     GR2, 12
LOOP    処理 A
        SUBA    GR2, ONE
        JPL     LOOP
        ⋮
ONE     DC      1
```

[7] 次のプログラムの実行後の GR1, GR2, GR3, DAT1 の値を求めよ。

```
TEST1   START
        LAD     GR1, 100
        LAD     GR1, -1, GR1
        LAD     GR2, 0, GR1
        LAD     GR2, 10, GR2
        ST      GR1, DAT1
        LD      GR3, DAT1
        LAD     GR3, -2, GR3
DAT1    DS      1
        END
```

付録 アセンブラ言語の仕様（抜粋）

A.1 システム COMET II の仕様

A.1.1 ハードウェアの仕様

(1) 1 語は 16 ビットで，そのビット構成は，次のとおりである。

(2) 主記憶の容量は 65,536 語で，そのアドレスは 0 〜 65,535 番地である。
(3) 数値は，16 ビットの 2 進数で表現する。負数は，2 の補数で表現する。
(4) 制御方式は逐次制御で，命令語は 1 語長または 2 語長である。

(5) レジスタとして，GR（16 ビット），SP（16 ビット），PR（16 ビット），FR（3 ビット）の 4 種類がある。

GR（汎用レジスタ，General Register）は，GR0 〜 GR7 の 8 個があり，算術，論理，比較，シフトなどの演算に用いる。このうち，GR1 〜 GR7 のレジスタは，指標レジスタ（index register）としてアドレスの修飾にも用いる。

SP（スタックポインタ，Stack Pointer）は，スタックの最上段のアドレスを保持している。

PR（プログラムレジスタ，Program Register）は，次に実行すべき命令語の先頭アドレスを保持している。

FR（フラグレジスタ，Flag Register）は，OF（Overflow Flag），SF（Sign Flag），ZF（Zero Flag）と呼ぶ3個のビットからなり，演算命令などの実行によって次の値が設定される。これらの値は，条件付き分岐命令で参照される。

OF	算術演算命令の場合は，演算結果が −32,768〜32,767 に収まらなくなったとき 1 になり，それ以外のとき 0 になる。論理演算命令の場合は，演算結果が 0〜65,535 に収まらなくなったとき 1 になり，それ以外のとき 0 になる。
SF	演算結果の符号が負（ビット番号 15 が 1）のとき 1，それ以外のとき 0 になる。
ZF	演算結果が 0（全部のビットが 0）のとき 1，それ以外のとき 0 になる。

(6) 論理加算または論理減算は，被演算データを符号のない数値とみなして，加算または減算する。

A.1.2 命令

命令の形式およびその機能を示す。ここで，1 つの命令コードに対し 2 種類のオペランドがある場合，上段はレジスタ間の命令，下段はレジスタと主記憶間の命令を表す。

命令	書き方		命令の説明	FR の設定
	命令コード	オペランド		

(1) ロード，ストア，ロードアドレス命令

ロード LoaD	LD	r1, r2	r1 ← (r2)	○*1
		r, adr [, x]	r ← (実効アドレス)	
ストア STore	ST	r, adr [, x]	実効アドレス ← (r)	ー
ロードアドレス Load ADdress	LAD	r, adr [, x]	r ← 実効アドレス	

(2) 算術，論理演算命令

算術加算 ADD Arithmetic	ADDA	r1, r2	r1 ← (r1) + (r2)	
		r, adr [, x]	r ← (r) + (実効アドレス)	
論理加算 ADD Logical	ADDL	r1, r2	r1 ← (r1) +$_L$ (r2)	
		r, adr [, x]	r ← (r) +$_L$ (実効アドレス)	
算術減算 SUBtract Arithmetic	SUBA	r1, r2	r1 ← (r1) − (r2)	○
		r, adr [, x]	r ← (r) − (実効アドレス)	
論理減算 SUBtract Logical	SUBL	r1, r2	r1 ← (r1) −$_L$ (r2)	
		r, adr [, x]	r ← (r) −$_L$ (実効アドレス)	
論理積 AND	AND	r1, r2	r1 ← (r1) AND (r2)	
		r, adr [, x]	r ← (r) AND (実効アドレス)	
論理和 OR	OR	r1, r2	r1 ← (r1) OR (r2)	○*1
		r, adr [, x]	r ← (r) OR (実効アドレス)	
排他的論理和 eXclusive OR	XOR	r1, r2	r1 ← (r1) XOR (r2)	
		r, adr [, x]	r ← (r) XOR (実効アドレス)	

(3) 比較演算命令

			比較結果	FRの値		
算術比較 ComPare Arithmetic	C P A	r1,r2	(r1)と(r2),または(r)と(実効アドレス)の算術比較または論理比較を行い,比較結果によって,FRに次の値を設定する。			○*1
		r,adr [, x]		SF	ZF	
			(r1) > (r2)	0	0	
			(r) > (実効アドレス)			
論理比較 ComPare Logical	C P L	r1,r2	(r1) = (r2)	0	1	
			(r) = (実効アドレス)			
		r,adr [, x]	(r1) < (r2)	1	0	
			(r) < (実効アドレス)			

(4) シフト演算命令

算術左シフト Shift Left Arithmetic	SLA	r,adr [, x]	符号を除き(r)を実効アドレスで指定したビット数だけ左または右にシフトする。 シフトの結果,空いたビット位置には,左シフトのときは0,右シフトのときは符号と同じものが入る。	○*2
算術右シフト Shift Right Arithmetic	SRA	r,adr [, x]		
論理左シフト Shift Left Logical	SLL	r,adr [, x]	符号を含み(r)を実効アドレスで指定したビット数だけ左または右にシフトする。 シフトの結果,空いたビット位置には0が入る。	
論理右シフト Shift Right Logical	SRL	r,adr [, x]		

(5) 分岐命令

正分岐 Jump on PLus	JPL　adr [, x]	FRの値によって，実効アドレスに分岐する．分岐しないときは，次の命令に進む．	
負分岐 Jump on MInus	JMI　adr [, x]		
非零分岐 Jump on Non Zero	JNZ　adr [, x]		−
零分岐 Jump on ZEro	JZE　adr [, x]		
オーバフロー分岐 Jump on OVerflow	JOV　adr [, x]		
無条件分岐 unconditional JUMP	JUMP　adr [, x]	無条件に実効アドレスに分岐する．	

命令	分岐するときのFRの値		
	OF	SF	ZF
JPL		0	0
JMI		1	
JNZ			0
JZE			1
JOV	1		

(6) スタック操作命令

プッシュ PUSH	PUSH　adr [, x]	SP ← (SP) −$_L$1, (SP) ← 実効アドレス	−
ポップ POP	POP　r	r ← ((SP)), SP ← (SP) +$_L$1	

(7) コール，リターン命令

コール CALL subroutine	CALL　adr [, x]	SP ← (SP) −$_L$1, (SP) ← (PR), PR ← 実効アドレス	−
リターン RETurn from subroutine	RET	PR ← ((SP)), SP ← (SP) +$_L$1	

(8) その他

スーパバイザコール SuperVisor Call	SVC　　adr [, x]	実効アドレスを引数として割出しを行う。 実行後の GR と FR は不定となる。	-
ノーオペレーション No OPeration	NOP	何もしない。	

(注) r, r1, r2　　　いずれも GR を示す。指定できる GR は GR0〜GR7
　　　adr　　　　　アドレスを示す。指定できる値の範囲は 0〜65,535
　　　x　　　　　　指標レジスタとして用いる GR を示す。指定できる GR は GR1〜GR7
　　　[　]　　　　　[　]内の指定は省略できることを示す。
　　　(　)　　　　　(　)内のレジスタまたはアドレスに格納されている内容を示す。
　　　実効アドレス　adr と x の内容との論理加算値またはその値が示す番地
　　　←　　　　　　演算結果を，左辺のレジスタまたはアドレスに格納することを示す。
　　　$+_L$，$-_L$　　　論理加算，論理減算を示す。
　　　FR の設定　　○　　　：設定されることを示す。
　　　　　　　　　○*1　：設定されることを示す。ただし，OF には 0 が設定される。
　　　　　　　　　○*2　：設定されることを示す。ただし，OF にはレジスタから最後に
　　　　　　　　　　　　　送り出されたビットの値が設定される。
　　　　　　　　　－　　　：実行前の値が保持されることを示す。

A.2　アセンブラ言語 CASL Ⅱ の仕様

A.2.1　言語の仕様

(1) CASL Ⅱ は，COMET Ⅱ のためのアセンブラ言語である。

(2) プログラムは，命令行および注釈行からなる。

(3) 1 命令は 1 命令行で記述し，次の行へ継続できない。

(4) 命令行および注釈行は，次に示す記述の形式で，行の 1 文字目から記述する。

行の種類		記述の形式
命令行	オペランドあり	［ラベル］ ｛空白｝ ｛命令コード｝ ｛空白｝ ｛オペランド｝ ［空白］ ［コメント］］
	オペランドなし	［ラベル］ ｛空白｝ ｛命令コード｝ ［空白］ ［｛;｝ ［コメント］］］
注釈行		［空白］ ｛;｝ ［コメント］

(注) ［ ］   ［ ］内の指定が省略できることを示す。
　　 ｛ ｝   ｛ ｝内の指定が必須であることを示す。
　　 ラベル   その命令の（先頭の語の）アドレスをほかの命令やプログラムから参照するための名前である。長さは1～8文字で，先頭の文字は英大文字でなければならない。以降の文字は，英大文字または数字のいずれでもよい。なお，予約語であるGR0～GR7は，使用できない。
　　 空白   1文字以上の間隔文字の列である。
　　 命令コード 命令ごとに記述の形式が定義されている。
　　 オペランド 命令ごとに記述の形式が定義されている。
　　 コメント 覚え書きなどの任意の情報であり，処理系で許す任意の文字を書くことができる。

A.2.2 命令の種類

命令は，4種類のアセンブラ命令（START，END，DS，DC），4種類のマクロ命令（IN，OUT，RPUSH，RPOP）および機械語命令（COMET IIの命令）からなる。その仕様を次に示す。

命令の種類	ラベル	命令コード	オペランド	機　能
アセンブラ命令	ラベル	START	［実行開始番地］	プログラムの先頭を定義 プログラムの実行開始番地を定義 ほかのプログラムで参照する入口名を定義
		END		プログラムの終わりを明示
	［ラベル］	DS	語数	領域を確保
	［ラベル］	DC	定数［，定数］…	定数を定義
マクロ命令	［ラベル］	IN	入力領域，入力文字長領域	入力装置から文字データを入力
	［ラベル］	OUT	出力領域，出力文字長領域	出力装置へ文字データを出力
	［ラベル］	RPUSH		GRの内容をスタックに格納
	［ラベル］	RPOP		スタックの内容をGRに格納
機械語命令	［ラベル］		（「A.1.2 命令」を参照）	

A.2.3　アセンブラ命令

アセンブラ命令は，アセンブラの制御などを行う。

(1) | START | ［実行開始番地］ |

　START 命令は，プログラムの先頭を定義する。

　実行開始番地は，そのプログラム内で定義されたラベルで指定する。指定がある場合はその番地から，省略した場合は START 命令の次の命令から，実行を開始する。

　また，この命令につけられたラベルは，ほかのプログラムから入口名として参照できる。

(2) | END | |

　END 命令は，プログラムの終わりを定義する。

(3) | DS | 語数 |

　DS 命令は，指定した語数の領域を確保する。

　語数は，10 進定数（≧ 0）で指定する。語数を 0 とした場合，領域は確保しないが，ラベルは有効である。

(4) | DC | 定数［，定数］… |

　DC 命令は，定数で指定したデータを（連続する）語に格納する。

　定数には，10 進定数，16 進定数，文字定数，アドレス定数の 4 種類がある。

定数の種類	書き方	命令の説明
10進定数	n	nで指定した10進数値を，1語の2進数データとして格納する。ただし，nが－32,768～32,767の範囲にないときは，その下位16ビットを格納する。
16進定数	#h	hは4桁の16進数（16進数字は0～9，A～F）とする。hで指定した16進数値を1語の2進数データとして格納する（0000≦h≦FFFF）。
文字定数	'文字列'	文字列の文字数（＞0）分の連続する領域を確保し，最初の文字は第1語の下位8ビットに，2番目の文字は第2語の下位8ビットに，…と順次文字データとして格納する。各語の上位8ビットには0のビットが入る。 文字列には，間隔および任意の図形文字を書くことができる。ただし，アポストロフィ（'）は2個続けて書く。
アドレス定数	ラベル	ラベルに対応するアドレスを1語の2進数データとして格納する。

A.2.5 機械語命令

機械語命令のオペランドは，次の形式で記述する。

r, r1, r2 　GRは，記号GR0～GR7で指定する。

x 　　　　　指標レジスタとして用いるGRは，記号GR1～GR7で指定する。

adr 　　　　アドレスは，10進定数，16進定数，アドレス定数またはリテラルで指定する。リテラルは，1つの10進定数，16進定数または文字定数の前に等号（＝）を付けて記述する。CASL Ⅱは，等号のあとの定数をオペランドとするDC命令を生成し，そのアドレスをadrの値とする。

A.2.6 その他

（1）アセンブラによって生成される命令語や領域の相対位置は，アセンブラ言語での記述順序とする。ただし，リテラルから生成されるDC命令は，END命令の直前にまとめて配置される。

（2）生成された命令語，領域は，主記憶上で連続した領域を占める。

参考資料

参考資料は，COMET IIの理解を助けるためまたはCOMET IIの処理系作成者に対する便宜のための資料である。したがって，COMET II，CASL IIの仕様に影響を与えるものではない。

1　命令語の構成

命令語の構成は定義しないが，次のような構成を想定する。ここで，OPの数値は16進表示で示す。

ビット番号 15	11	7	3	0	15	0		
第1語				第2語	命令語長	命令語とアセンブラとの対応			
OP		r/r1	x/r2	adr		機械語命令		意味
主OP	副OP							
0	0	–	–	–	1	NOP		no operation
1	0				2	LD	r, adr, x	load
	1				2	ST	r, adr, x	store
	2				2	LAD	r, adr, x	load address
	4			–	1	LD	r1, r2	load
2	0				2	ADDA	r, adr, x	add arithmetic
	1				2	SUBA	r, adr, x	subtract arithmetic
	2				2	ADDL	r, adr, x	add logical
	3				2	SUBL	r, adr, x	subtract logical
	4			–	1	ADDA	r1, r2	add arithmetic
	5			–	1	SUBA	r1, r2	subtract arithmetic
	6			–	1	ADDL	r1, r2	add logical
	7			–	1	SUBL	r1, r2	subtract logical
3	0				2	AND	r, adr, x	and
	1				2	OR	r, adr, x	or
	2				2	XOR	r, adr, x	exclusive or
	4			–	1	AND	r1, r2	and
	5			–	1	OR	r1, r2	or
	6			–	1	XOR	r1, r2	exclusive or
4	0				2	CPA	r, adr, x	compare arithmetic
	1				2	CPL	r, adr, x	compare logical
	4			–	1	CPA	r1, r2	compare arithmetic
	5			–	1	CPL	r1, r2	compare logical
5	0				2	SLA	r, adr, x	shift left arithmetic
	1				2	SRA	r, adr, x	shift right arithmetic
	2				2	SLL	r, adr, x	shift left logical
	3				2	SRL	r, adr, x	shift right logical
6	1		–		2	JMI	adr, x	jump on minus
	2		–		2	JNZ	adr, x	jump on non zero
	3		–		2	JZE	adr, x	jump on zero
	4		–		2	JUMP	adr, x	unconditional jump
	5		–		2	JPL	adr, x	jump on plus
	6		–		2	JOV	adr, x	jump on overflow
7	0		–		2	PUSH	adr, x	push
	1		–	–	1	POP	r	pop
8	0	–			2	CALL	adr, x	call subroutine
	1	–	–	–	1	RET		return from subroutine
9〜E						その他の命令		
F	0	–			2	SVC	adr, x	supervisor call

3 シフト演算命令におけるビットの動き

シフト演算命令において，たとえば，1ビットのシフトをしたときの動きおよび OF の変化は，次のとおりである。

(1) 算術左シフトでは，ビット番号14の値が設定される。

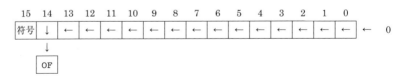

(2) 算術右シフトでは，ビット番号0の値が設定される。

(3) 論理左シフトでは，ビット番号15の値が設定される。

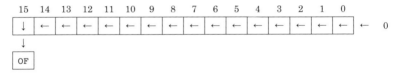

(4) 論理右シフトでは，ビット番号0の値が設定される。

◆◆◆ 演習問題解答 ◆◆◆

1章

[1] ①まず，接頭語「m：ミリ」は 10^{-3} を表しているので，20×10^{-3} と表現できる。
一方，接頭語「μ：マイクロ」は 10^{-6} を表している。
単位を変換するためには，

$$20 \times \frac{10^{-3}}{10^{-6}} = 20 \times 10^{(-3+6)}$$

よって，以下が求まる。

20,000 μ

②まず，接頭語「k：キロ」は 10^3 を表しているので，$4{,}200 \times 10^3$ と表現できる。
一方，接頭語「M：メガ」は 10^6 を表している。
単位を変換するためには，

$$4{,}200 \times \frac{10^3}{10^6} = 4{,}200 \times 10^{(3-6)}$$

よって，以下が求まる。

4.2 M

③接頭語「m：ミリ」は 10^{-3} を表しているので，単位を変換するためには，

$$1.2 \times \frac{10^{-4}}{10^{-3}} = 1.2 \times 10^{(-4+3)}$$

よって以下が求まる。

0.12 m

④接頭語「k：キロ」は 10^3 を表している。
また，

$$10^0 = 1$$

であるので，単位を変換するためには，

$$251 \times \frac{1}{10^3} = 251 \times 10^{-3}$$

よって以下が求まる。

0.251 k

⑤接頭語「T：テラ」は10^{12},「G：ギガ」は10^{9}を表している。単位を変換するためには,

$$6.8 \times 10^{-2} \times \frac{10^{12}}{10^{9}} = 6.8 \times 10^{(-2+12-9)}$$

よって以下が求まる。

68 G

⑥接頭語「n：ナノ」は10^{-9},「G：ギガ」は10^{9}を表している。まず,「n：ナノ」をべき乗表示で表現する。

$$(5.0 \times 10^{-9})^{-1} = \frac{1}{5 \times 10^{-9}} = \frac{1}{5} \times 10^{9}$$

単位を変換するためには,

$$\frac{1}{5} \times \frac{10^{9}}{10^{9}} = \frac{1}{5}$$

よって以下が求まる。

0.2 G

⑦接頭語「p：ピコ」は10^{-12},「n：ナノ」は10^{-9}を表している。まず,「n：ナノ」をべき乗表示で表現する。

$$5.2 \times 10^{-4} \times 10^{-9} = 5.2 \times 10^{(-4-9)} = 5.2 \times 10^{-13}$$

単位を変換するためには,

$$5.2 \times \frac{10^{-13}}{10^{-12}} = 5.2 \times 10^{(-13+12)}$$

よって以下が求まる。

0.52 p

⑧接頭語「M：メガ」は10^{6}を表している。
単位を変換するためには,

$$12{,}300{,}000 = 12.3 \times 10^{6}$$

なので,

$$12.3 \times \frac{10^{6}}{10^{6}} = 12.3 \times 10^{(6-6)}$$

よって以下が求まる。

12.3 M

⑨接頭語「n：ナノ」は 10^{-9} を表している。

まず，カッコ内を展開する。

$$(2.0 \times 10^{-2})^4 = 2.0^4 \times 10^{-2 \times 4} = 16 \times 10^{-8}$$

単位を変換するためには，

$$16 \times \frac{10^{-8}}{10^{-9}} = 16 \times 10^{(-8+9)}$$

よって以下が求まる。

160 n

⑩接頭語「k：キロ」は 10^3 を表している。

まず，べき乗表示で表現する。

$$0.0002 = 2.0 \times 10^{-4}$$

単位を変換するためには，

$$2.0 \times \frac{10^{-4}}{10^3} = 2.0 \times 10^{(-4-3)}$$

よって以下が求まる。

2.0×10^{-7} k

[2]〜[6] 本文参照

[7]〜[8] 省略

2章

[1] $$T = \frac{1}{f} = \frac{1}{800 \times 10^6} = \frac{1}{0.8 \times 10^9} = \frac{1}{0.8} \times 10^{-9} = 1.25 \ [\text{ns}]$$

[2] $87 \times 10^8 \div 60 \div 10^6 = 145$ [MIPS]

[3] 平均命令実行時間が $0.06\,\mu\text{s}$，CPIが3なので，1クロックあたりに要する時間（サイクルタイム T）は，$0.06 \div 3 = 0.02\ [\mu\text{s}]$。したがって，

$$\text{動作クロック周波数} f = \frac{1}{T} = \frac{1}{0.02 \times 10^{-6}} = 50\ [\text{MHz}]$$

[4]〜[5] 本文参照

[6] $$\frac{2,800 \times 10,000}{60} \fallingdotseq 466,667\ [\text{FLOPS}]$$

[7] $\dfrac{(1\times 2)+(2\times 12)+(3\times 10)+(4\times 8)+(5\times 2)}{2+12+10+8+2}=\dfrac{98}{34}\fallingdotseq 2.88\,\text{〔CPI〕}$

[8] サイクルタイム $T=\dfrac{1}{f}=\dfrac{1}{20\times 10^6}=50\,\text{〔ns〕}$

命令実行時間 $= \text{CPI}\times T=2.88\times 50=144\,\text{〔ns〕}$

MIPS 値 $=\dfrac{1}{144\times 10^{-9}}\div 10^6=\dfrac{10^3}{144}\fallingdotseq 6.94\,\text{〔MIPS〕}$

[9]〜[14] 省略

■3章

[1] 本文参照
[2] 　　　$16\times 2^{32}\div 8=8{,}589{,}934{,}592\fallingdotseq 8.6\,\text{〔GB〕}$
[3]〜[5] 本文参照
[6] 電源を切っても保持が必要なプログラムやデータ。たとえば，パソコンの初期プログラムや製造コードなど。
[7]〜[10] 省略

■4章

[1] 省略
[2] 本文参照
[3] 平均シーク時間は 15 ms なので，それ以外の平均回転待ち時間とデータ転送時間を計算によって求める。まず，回転速度が 6,000 回転／分の磁気ディスクが 1 回転に要する時間は次式で求められる。

　　　60〔秒〕÷ 6,000〔回転〕= 10〔ms〕

また，平均回転待ち時間はディスクが 1/2 回転する時間なので次式となる。

　　　10〔ms〕÷ 2 = 5〔ms〕

次にデータ転送時間については，1 トラックすなわち 1 回転が 12,000 B であるため，3,000 B の転送に要する時間は，次式で求められる。

　　　10〔ms〕× 3,000〔B〕÷ 12,000〔B〕= 2.5〔ms〕

このことから，平均アクセス時間は以下の通りとなる。

　　　平均アクセス時間 = 15 + 5 + 2.5 = 22.5〔ms〕

[4] 省略
[5] 1 inch 読み取るために必要な時間を求めると以下の通りとなる。

$$10 \text{ [ms/line]} \times 300 \text{ [line/inch]} = 3{,}000 \text{ [ms/inch]}$$

さらに，以下のように inch から mm に単位を変換する。

$$3{,}000 \text{ [ms/inch]} \div 25.4 = 118.1 \text{ [ms/mm]}$$

この値に読み取る長さを適用すると以下の結果を求められる。

$$118.1 \text{ [ms/mm]} \times 297 \text{ [mm]} = 35{,}075.7 \text{ [ms]}$$

よって，約 35 秒必要であることが求められる。
[6] 省略
[7] ビデオメモリの必要容量は次式で求めることができる。

ビデオメモリの必要容量 = 総画素数 × 1 画素あたりに必要なデータ量

まず，総画素数は解像度における縦の画素数×横の画素数で求められるので，以下を求められる。

$1{,}920 \times 1{,}080$ 画素

また，色数は 2^{16} 色であることより 1 画素あたりに必要なデータ容量は，16 [ビット] = 2 [B] である。
以上より，必要なビデオメモリの容量は以下の結果を得ることができる。

$$1{,}920 \times 1{,}080 \times 2 \fallingdotseq 4 \text{ [MB]}$$

[8] 省略
[9] 最小帯域幅は以下の式により求めることができる。

最小帯域幅 = 総画素数 × 1 画素あたりに必要なデータ量 × 1 秒あたりのフレーム数

各値を代入すると以下の結果を得ることができる。

$$1{,}280 \times 720 \times 24 \times 30 \fallingdotseq 664 \text{ [Mbps]}$$

[10]〜[11] 省略

5 章

[1] ① 91　② 5B　③ −76　④ B4　⑤ 1110 0000　⑥ E0　⑦ 0111 0001　⑧ 71
　　⑨ 0101 1010　⑩ 90　⑪ 1110 0011　⑫ −29
[2] $(1010.1)_2$，$(5.375)_{10}$
[3] ① $(0111\ 1000)_2 = 120$
　　② $(1011\ 1000)_2 = -72$（計算範囲を超えている）

③ $(0110\ 0100)_2 = 100$

④ $(0001\ 0011)_2 = 19$（計算範囲を超えている）

⑤ $(0001\ 1001)_2 = 25$

⑥ $(1110\ 1101)_2 = -19$（計算範囲を超えている）

⑦ $(0111\ 1101)_2 = 125$（計算範囲を超えている）

⑧ $(1101\ 1010)_2 = -38$

[4] ゾーン10進数　F3F7C8

　　パック10進数　378C

[5] 546F6B796F

6章

[1] 類似点は，データの読み書きは順番に行われる点で，相違点は，スタック（LIFO）の場合は，後に書かれたデータから先に読み出され，キュー（FIFO）の場合は，先に書かれたデータから先に読み出される点である。

[2] ①オ　②エ　③ウ　④ア　⑤イ

[3] ①ク　②オ　③ウ

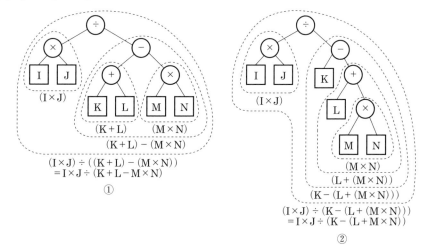

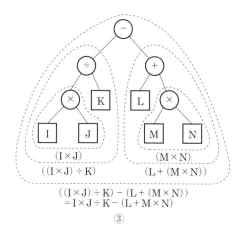

③

[4] ①4個 ②4, 7, 3, 1の順
[5] ①0 ②1 ③0 ④1
[6] ①ウ ②ア ③イ ④エ

7章

[1] ① 回路を変換する

② NOT 回路に注目して真理値表をつくる

入力		出力	
A	B	C	D
0	0	1	1
0	1	1	0
1	0	0	1
1	1	0	0

③ AND 回路に注目して真理値表をつくる

入力		出力
C	D	X
1	1	1
1	0	0
0	1	0
0	0	0

④ 入力 A, B と出力 X との関係を真理値表にまとめる

入力		出力
A	B	X
0	0	1
0	1	0
1	0	0
1	1	0

2 入力 NOR の真理値表と同じである

[2] ① 回路を変換する

②入力 A,B のすべての組合せを含むように入力タイミングをつくり,信号の流れに従ってタイミングチャートを完成させる

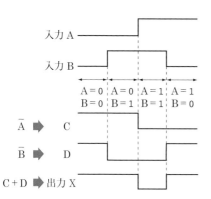

③入力 A,B と出力 X との関係は A=1,B=1 のときのみ X=0 となり,2 入力 NAND 回路とまったく同じ機能をもつことがわかる

[3] ①論理式　$Y = \overline{A} \cdot B$

入力		出力
A	B	Y
0	0	0
0	1	1
1	0	0
1	1	0

〈真理値表〉

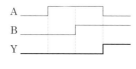

〈タイミングチャート〉

②論理式　$Y = \overline{A + B}$

入力		出力
A	B	Y
0	0	0
0	1	0
1	0	1
1	1	0

〈真理値表〉

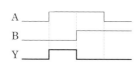

〈タイミングチャート〉

[4]

入力			出力	
A	B	C	X	Y
0	0	0	0	0
0	0	1	0	1
0	1	0	1	1
0	1	1	1	0
1	0	0	1	0
1	0	1	1	1
1	1	0	1	1
1	1	1	1	0

〈真理値表〉

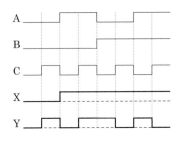

〈タイミングチャート〉

8章

[1] 4入力1出力マルチプレクサ
　　（データセレクタ）

入　力		出　力
A	B	W
0	0	D_0
0	1	D_1
1	0	D_2
1	1	D_3

[2] ①

A	B	Y
0	0	0
0	1	1
1	0	0
1	1	0

②

A	B	C	Y
0	0	0	0
0	0	1	0
0	1	0	1
0	1	1	0
1	0	0	1
1	0	1	1
1	1	0	1
1	1	1	0

[3]

A	B	C	X
0	0	0	0
0	0	1	0
0	1	0	0
0	1	1	0
1	0	0	1
1	0	1	1
1	1	0	1
1	1	1	1

〈真理値表〉

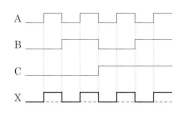

〈タイミングチャート〉

[4] 省略

9章

[1]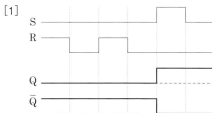

[2]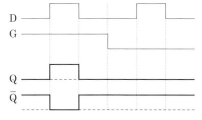

[3]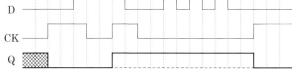

[4]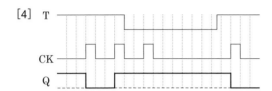

[5] ①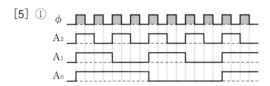

②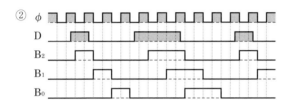

[6] ①非同期式 16 進カウンタ　②16 回　③T フリップフロップ
[7] ①直列入力型 4 ビットシフトレジスタ　②4 回　③D フリップフロップ
[8]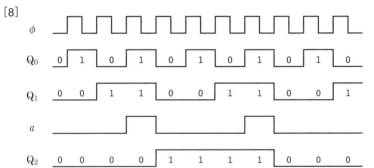

10章

[1] 手順1　論理式を求める

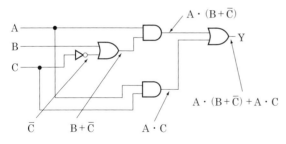

論理式　$Y = A \cdot (B + \overline{C}) + A \cdot C$

手順2　論理式をブール代数の法則に当てはめ，簡単化を行う

分配則を用いて，
$$Y = A \cdot (B + \overline{C}) + A \cdot C \to Y = A \cdot B + A \cdot \overline{C} + A \cdot C$$

最小化定理を用いて，$A \cdot \overline{C} + A \cdot C$ を A に置き換える。したがって
$$Y = A \cdot B + A \cdot \overline{C} + A \cdot C \to Y = A \cdot B + A$$

吸収則を用いて，
$$Y = A \cdot B + A \to Y = A$$

[2] 手順1　真理値表を経てカルノー図を作成する

A	B	C	Y
0	0	0	0
0	0	1	0
0	1	0	1
0	1	1	1
1	0	0	1
1	0	1	0
1	1	0	1
1	1	1	1

Y\	\ AB			
C	00	01	11	10
0	0	1	1	1
1	0	1	1	0

手順2，3　ループをつくり論理式を求める

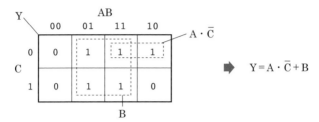

[3]

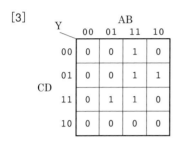

[4] カルノー図を作成し，①〜④をルーピングし，簡単化する。
$$Y = A \cdot C + A \cdot B + B \cdot \overline{C} \cdot D + \overline{B} \cdot C \cdot D$$

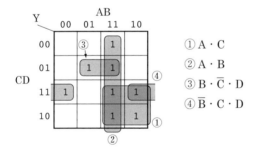

① $A \cdot C$
② $A \cdot B$
③ $B \cdot \overline{C} \cdot D$
④ $\overline{B} \cdot C \cdot D$

11章

[1] ①　　　　　　　　　　　　　　②

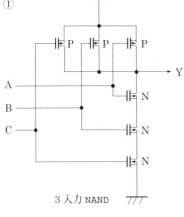

3入力 NAND

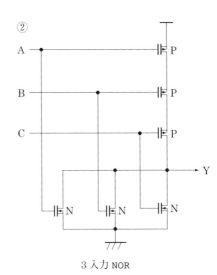

3入力 NOR

[2] まずHレベルに注目してファンアウトを計算する。

①駆動するICの能力は出力電流 I_{OH} で表され，この場合は $-400\,\mu\text{A}$ である。

②駆動されるICが必要とする電流は入力電流 I_{IH} で表され，この場合は $20\,\mu\text{A}$ である。

③Hレベルのときのファンアウトは，｜出力電流 I_{OH}｜÷｜入力電流 I_{IL}｜で求められるので $400\,[\mu\text{A}] \div 20\,[\mu\text{A}] = 20$ となる。

次にHレベルのときと同様の方法で，Lレベルのときのファンアウトを求める。

④$I_{OL} = 8\,[\text{mA}]$，$I_{IL} = -0.4\,[\text{mA}]$ なので，Lレベルのときのファンアウトは，｜出力電流 I_{OL}｜÷｜入力電流 I_{IL}｜$= 8\,[\text{mA}] \div 0.4\,[\text{mA}] = 20$ となる。

以上の結果からファンアウトはH，L両レベルにおいて20であることがわかる。

したがって，NANDゲート（74LS00）は，NORゲート（74LS02）の20個の入力を駆動することが可能である。

＊Hレベルの場合とLレベルの場合のファンアウトが異なる場合は，小さいほうの値が駆動できる入力数となる。

[3] 本文参照
[4]〜[6] 省略

12章

[1] 省略

[2] GR0

[3] 算術値は符号付き2進数で2の補数で表し，論理値は符号のない絶対値で表す。

[4] ① LAD ② ST ③ LAD ④ LD ⑤ LAD ⑥ DS ⑦ DC ⑧ ADDA ⑨ SUBA
    ⑩ ADDL ⑪ SUBL ⑫ AND ⑬ OR ⑭ XOR ⑮ SRL ⑯ SLL ⑰ SRA ⑱ SLA

[5] ① LAD ② 1 ③ GR2, 1, GR2 ④ LAD ⑤ GR4 ⑥ GR1, 0, GR2 ⑦ 4, GR2
    ⑧ ADDA ⑨ AL1 ⑩ AB ⑪ ST GR1, BC

13章

[1] ① LAD GR2, 0 ② JMI SKIP ③ CPA GR1, D4 ④ RET ⑤ END
[2] ① LAD GR1, 1, GR1 ② ADDA GR3, WAK ③ DC 11
[3] ① SRA GR1, 3 ② SLA GR3, 3 ③ SUBA GR2, WRK
[4] ① LD GR3, AR1, GR1 ② ST GR2, AR1, GR1 ③ JMI YAME
[5] ① LAD GR3, 0, GR1 ② OR GR3, WRK ③ RET

[6]〜[7] 省略

参考文献

1) 馬場敬信：コンピュータアーキテクチャ，オーム社，2016
2) 楠菊信，武末勝，脇村慶明：コンピュータの論理構成とアーキテクチャ，コロナ社，1988
3) 曽和将容：コンピュータアーキテクチャ原理，コロナ社，1933
4) 香山晋：超高速MOSデバイス，倍風館，1986
5) 浅川毅：PICアセンブラ入門，東京電機大学出版局，2001
6) 浅川毅：論理回路の設計，コロナ社，2007
7) Saburo Muroga：VLSI System Design,Johon Wiley & Sons Inc.,1982
8) 浅川毅：マイコンで学ぶ組込みシステム開発入門，電波新聞社，2010
9) IPA：情報処理技術者試験 試験で使用する情報技術に関する用語・プログラム言語など Ver2.0，2011

索引

英数字

10進−2進	97
10進数	55
16進数	57
1の補数	58
2進−10進	98
2進数	55
2の補数	58
2分木	70
4000B	131
4004	3
74AC	131
74ALS	130
74AS	130
74F	130
74HC	130
74LS	129
74S	128
ASCIIコード	63
BCDコード	62
CISC	15
CMOS	127
COMET II	18
CPI	14
DBMS	83
decoder	98
demultiplexer	99
DRAM	32
DTL	128
D型	109
Dラッチ	107
EBCDIC	62
EDSAC	2
EDVAC	2
EEPROM	36
encoder	97
ENIAC	2
EPROM	36
EUC	63
FeRAM	32
FIFO	69
FLOPS	15
ICメモリ	32
ISOコード	63
J・K型	109
JISコード	63
LIFO	67
MARK−I	2
MIL記号	87
MIPS	6,15
MNLS	63
MOSFET	32
multiplexer	99
PROM	36
R・S型	109
R・Sラッチ	107
RAM	32
register	111
RISC	15
ROM	32,35
shift register	112
SRAM	32

TTL	127
T型	109
UNIVAC-I	3
VLIW	16
Z3	2

あ

アクセスタイム	32
アドレス	19
アドレスレジスタ	29
あふれ（オーバフロー）域	77
インバータ	89
ウィルクス	2
エイケン	2
エッカート	2
エンコーダ	97
演算装置	7
円筒式歯車乗算機	1

か

回転待ち時間	42
会話型問合せ言語	83
加減算機	1
可変長（不定長）レコード	74
カルノー図	122
間接アドレス方式	75
記憶容量	31
ギガバイト	31
奇数パリティ	79
揮発性メモリ	35
基本（プライム）域	75
キャッシュメモリ	37

キロバイト	31
偶数パリティ	79
クランプダイオード	142
クロック	109
桁上り出力	101
桁上り入力	101
更新	80
固定長レコード	74

さ

サイクルタイム	13,32
最上位ビット	59
最大クロック周波数	142
索引（インデックス）域	75
算術論理演算器	25
算術論理演算命令	25
シーク時間	42
シフト演算命令	25
シフトレジスタ	112
主記憶装置	7
出力短絡電流	145
ジョージ・ブール	119
ショットキー・バリア・ダイオード	128
制御装置	7
セットアップ時間	142
ソフトウェア	5

た

大規模集積回路	8
立ち上がる	109
立ち下がる	109
中央処理装置	8

直接アドレス方式	75
ツーゼ	2
ツリー構造	70
データセレクタ	99
データ操作言語	83
データ定義言語	83
データ転送時間	42
データレジスタ	31
デコーダ	98
デマルチプレクサ	99
伝搬遅延時間	141
動作周波数	13

な

入・出力装置	7
入出力制御装置	19
入力保護ダイオード電流	134
ネガティブエッジ型	109
ネットワーク構造	72
ノイマン	2

は

ハードウェア	5
バイト	31
パスカル	1
バスライン	19
ハッシュ法	75
ハミング距離	123
ハミングコードチェック	79
パリティチェック	79
パルス幅	142
汎用レジスタ	23
比較演算命令	25

非同期式R・Sフリップフロップ	107
ブール代数	119
不揮発性	35
プッシュダウン	68
フラグレジスタ	25
フラッシュメモリ	36
フリップフロップ	107
プログラム内蔵方式	2
ブロック化係数	73
分類	80
併合	80
ホールド時間	142
ポジティブエッジ型	109
補助記憶装置	8
ポップアップ	68

ま

マイクロコントローラ	18
マイクロコンピュータ	6
マイクロプロセッサ	8,13
マルチプレクサ	99
メガバイト	31
メモリセル	29
モークリ	2

ら

ライプニッツ	1
ラッチ	107
リスト構造	70
リダンダンシーチェック	79
リフレッシュ	34
リレー式自動計算機	2

レジスタ	23, 111
ロード命令	25
論理代数	119

わ

ワンタイム ROM	36
ワンチップマイクロコンピュータ	18

【著者紹介】

浅川　毅（あさかわ・たけし）　博士（工学）
　　学　歴　東京都立大学大学院工学研究科博士課程修了
　　職　歴　東海大学電子情報学部　講師（非常勤）
　　　　　　東京都立大学大学院工学研究科　客員研究員
　　　　　　東海大学情報理工学部コンピュータ応用工学科　教授
　　　　　　第一種情報処理技術者
　　著　書　『論理回路の設計』コロナ社
　　　　　　『電気・電子回路計算法入門講座』電波新聞社
　　　　　　『PICアセンブラ入門』東京電機大学出版局　ほか

コンピュータ工学の基礎

2018年9月10日　第1版1刷発行　　　ISBN 978-4-501-55650-1 C3004
2024年12月20日　第1版3刷発行

著　者　浅川　毅
　　　　© Asakawa Takeshi 2018

発行所　学校法人 東京電機大学　〒120-8551　東京都足立区千住旭町5番
　　　　東京電機大学出版局　　Tel. 03-5284-5386（営業）　03-5284-5385（編集）
　　　　　　　　　　　　　　　Fax. 03-5284-5387　振替口座 00160-5-71715
　　　　　　　　　　　　　　　https://www.tdupress.jp/

JCOPY　<（一社）出版者著作権管理機構　委託出版物>
本書の全部または一部を無断で複写複製（コピーおよび電子化を含む）することは，著作権法上での例外を除いて禁じられています。本書からの複製を希望される場合は，そのつど事前に（一社）出版者著作権管理機構の許諾を得てください。
また，本書を代行業者等の第三者に依頼してスキャンやデジタル化をすることはたとえ個人や家庭内での利用であっても，いっさい認められておりません。
［連絡先］Tel. 03-5244-5088, Fax. 03-5244-5089, E-mail：info@jcopy.or.jp

印刷：三美印刷（株）　　製本：渡辺製本（株）　　装丁：齋藤由美子
落丁・乱丁本はお取替えいたします。　　　　　　　　　　Printed in Japan